U0154195

電商人妻

社群圈粉思維

單月從0到萬

讓流量變現的品牌爆紅經營心法

悅知文化

推薦序

隨著網際網路的發達，加上智慧型手機的普及，Facebook、Instagram等社群平台已成為人人生活中不可或缺的一環。社群平台改變了使用者吸收廣告資訊的形式，更改變了使用者的消費習慣，社群上的一則小評論，都可能引發品牌公關危機或是讓流量攀升進而促進業績。一瞬間，所有企業主與行銷人都得變身成「社群人」，忙著開通各大社群平台的帳號。

然而，就像電商人妻在書中提到的：「人很容易在操作平台時被平台綁住，失去經營內容甚至行銷的焦點」，過於依賴社群，會導致在擴大營業版圖時，被侷限了不少機會。在這個社群平台競爭白熱化的新媒體時代，電商人妻成功經營社群的經驗雖然無法複製，但她所嘗試過的各種方法與注意事項，卻是值得每位社群人學習的行銷思維。

Hahow好學校共同創辦人・江前緯

在電商人妻的這本新書裡面，從大環境的社群生態開始，讓我們了解每個平台的社群特性以及經營方法。到底要如何抓住粉絲的心？如何設定正確的目標客群跟品牌人物角色？人妻在這本理論跟實務兼具的溫情好書中，梳理了社群行銷的王道法則。小到版面設計、分段方法，大到社群平台上的商務經營守則，這本書將帶給你最全面性的解析！

《個人品牌》作者・何則文

在台灣，數位行銷要做好，除了Facebook之外，Instagram行銷也不能夠忽略。而提到Instagram，電商人妻就是一個在Instagram行銷領域鑽研很長一段時間的達人。她可以教你如何運用優化好的PO文型態、正確的Hashtags，在不花大錢的情況下，累積屬於自己的受眾與能量，讓你的品牌在對的時間點可以發光發熱。畢竟，不是每個人都能在88天內，將一個Instagram帳號在不花廣告費的情況下，從0經營到破萬。魔鬼都是藏在細節裡，想了解細節內到底藏了些什麼祕密，這本書肯定不會讓你失望。

lihi 短網址執行長・貝克菜

今年終於等到電商人妻出書了，人妻是我認識少數幾個能論述、懂數據、又能清楚整理出一套社群經營邏輯的創業家。每每閱讀她的文章後，也都能馬上應用在實務上。與她認識這麼久以來，我也知道她不單純是一位網紅，而是一位能將自己想法實踐在公司日常營運上、實實在在的經營者。讀完這本書，相信一定能帶給大家在社群經營上立竿見影的效益。

銳齊科技 創業總監・林靖洋

電商人妻的社群經營能力，一直是我非常佩服的。特別是在社群經營的焦點，從Facebook轉換到Instagram的這個年代，很多所謂的社群高手，紛紛中箭落馬，沒有辦法把在Facebook上的成功經驗轉換到新平台。但電商人妻Audrey，卻成為這其中的異數，將Instagram上的社群經營得有聲有色。如果我有任何關於Instagram社群經營的問題，她絕對是我第一個想請教的顧問。

我覺得這本書的內容，對於想開始經營社群的人來說，絕對是一份很實用的指南，裡面談到的不單單只是技巧，更重要的是正確觀念與過來人的獨家心法。不論你是想經營社群的新手，還是已經有相當經驗的專家，閱讀這本書，會對你的社群經營有不小的幫助。

M觀點・Miula

從認識電商人妻到她成立自己的Instagram，發現她是一位會去實踐並且驗證理論的人。很喜歡她將行銷方式有系統的整理與歸納，淺顯易懂且大方地在社群上分享。我非常推薦這本書，本書除了將脈絡整理得十分清楚且條理分明，更分享了作者親身實作經驗的結果。我認為不論是入門的小編、行銷企劃、電商從業人員甚至品牌老闆，都很適合藉由這本書來了解「社群」與「粉絲」的那些事。

BVG corp. 總經理・徐有鍵

十年過去，Instagram從最初的個人生活濾鏡美照分享，成為當今重要的人際溝通、互動、產生連結的方式，品牌自然不能錯過在Instagram上與顧客連結的機會。但畢竟Instagram只是工具，不會釣魚的人，只給他魚竿還是釣不到魚；如何運用社群做好品牌溝通，電商人妻作了最佳的示範。

本著社群「分享」的概念，電商人妻更將這些心得整理成書，書中不會打高空只談社群行銷策略，還佐以諸多的操作實例，見樹又見林。也許，在網路上有很多文章在談Instagram行銷，但難免破碎缺乏清楚的脈絡。因此，無論企業或個人品牌，想在Instagram上好好與粉絲互動，那麼《電商人妻社群圈粉思維》絕對是入門的首選！

詮識數位執行長・陸子鈞

社群經營最艱難的，永遠是第一步。我打從心底佩服每個第一線面對粉絲、從零打造出自己社群的經營者，而電商人妻，就是踏實地用自己每一秒時間、每一分心神經營社群的代表人物。她用實際成果證明了自己的圈粉理論，而這些來自實戰的經驗，都可以從本書掏心掏肺的文字中具體感受到。

從跟粉絲培養感情的方法、互動內容的設計，到最後與銷售的連結，這本書的每個篇章，都是在社群經營上想站穩第一步的朋友們必經之路。人妻已經靠著自己的力量走過這段，不論你是剛入行銷領域的從業者，還是想打造個人品牌的經營者，翻開這本書，跟上人妻的腳步吧！

只要有人社群顧問執行長・傑哥

認識電商人妻已經將近四、五年，這幾年她一直在鑽研Instagram的新工具、新趨勢，並且用最快、最淺顯易懂的方式幫大家整理好，就像這本書一樣，深入淺出，很好入口。這本書雖是入門，但都是很重要的心法。每個人都要從新人走過，但若有人將你當新人的方方面面都打理好，提供專業保母級的服務，就可以少走一些彎路。

你可以學習人妻分享的技巧、工具，但我覺得她一直以來都在做一件看起來簡單卻不容易的事情，就是「做好同一件事」。所以，看出來了嗎？人妻之所以為人妻，「持續不斷」的「穩定」輸出，才是社群經營能長長久久的原因。

加個零文化傳播創辦人・張嘉玲

在社群平台經營的第一天都是公平的，沒有任何人是你的粉絲，更別說鐵粉了。本書深入淺出的介紹如何透過各種社群功能，將「自己」的性格展露無遺，與其說是熟悉各種平台操作的心法，更像是教你如何打造一個更討喜的自己，並透過各種性格化操作，在茫茫粉絲海中脫穎而出。

我特別喜歡第三章「與粉絲談場戀愛吧！」的定錨點，精確的描繪社群行銷人在與粉絲關係建立上的曖昧關係：想到你、喜歡你、到對你無法自拔。最後，向每一位「小編」獻上最大的尊重與感激，祝福每一個天馬行空的創意，都落地成為最佳的品牌金句！

PopDaily 聯合創辦人‧黃晨皓Kim

在這個網路為主、社群為王的年代，相信很多人或企業，都想要透過經營網路社群來達到提高品牌知名度或提升銷量的目的。在幾年前社群剛起步的年代，經營社群幾乎可說無往不利，不需要耗費太多心力，只要掌握議題加上一點操作，幾乎都能得到不錯的效果。但隨著各種社群媒體的使用群眾越來越多，社群經營也不再像從前那麼簡單，甚至讓流量的成本比以往增加了數十倍，導致社群經營越來越困難，投入大量資源卻血本無歸的情況比比皆是。

因此，在KOL、網紅、網美快比網友多的環境下，如何「搶眼球」、「搶網友注意力」，變成為社群經營最重要的工作。最近這兩年，在社群經營者中出現一匹黑馬，也是本書的作者「電商人妻」，就是社群經營的佼佼者。尤其在經營年輕人最常使用的「Instagram」平台上，經常分享一些相當具有創意的「新玩法」，許多朋友實測後也都有著不錯的成效。電商人妻也是我Facebook上的好友，我們私底下會互相交流一些操作心得，感覺她的確很有一套。

現在，她不藏私地將長期操作各社群的心得寫成本書，相信對許多剛進入網路行銷、社群經營的小白新手們會有很大的幫助。個人有幸在出版前先拜讀內容，也得到了不少收穫。如果你也想踏入網路行銷與社群經營行業，詳讀本書能讓你大幅縮短初期的「試錯期」。當然，網路風向及演算法一直在變，但基本的概念與操作在本質上都是相同的，建議閱讀後，實際加上自己的操作心得去融會貫通，相信下一個社群神人就是你了，共勉之。

電腦王阿達

作者序

爆紅無法複製，但成功行銷可以學習

行銷有很多策略，每個人的需要也大不相同。在社群行銷的年代，如何把品牌的商品賣出去，可能已經不是品牌行銷的唯一目的。不論是個人品牌還是商業品牌，與受眾的互動在社群上越來越重要，在過去與粉絲互動並且屢屢突破追蹤數的過程中，讓我學到最多的就是在粉絲身上。

社群行銷好像成為這個年代的顯學，這個東西好像不做不行，又有太多平台跟管道，別說一般中小型品牌經營者不知道如何選擇經營，有時大品牌也是跟著時代不斷地嘗試中。當我們感到迷惘或不知道該怎麼做時，一定要記得回歸到行銷的初衷，也就是最終目的到底是什麼。

這本書，不是一本教你如何使用社群平台的介紹書，而是一本在未來五年甚至十年，都可以參考的「思維工具」，這也是我在規劃書的內容時給自己的期許，希望大家可以將這些心法運用在社群經營上。

每次在接受專訪或講座對談時，大家都會很好奇做電商系統的我，為什麼突然要研究社群行銷？在創業做系統之前，我一直都是在媒體業工作，對傳統的行銷模式有相當程度的了解。

創業後，公司一開始面對的幾乎都是傳產客戶，和夥伴們替客戶做各種的ERP系統導入、串接模組等。直到接觸了東南亞零售批發客戶後，才開始踏入電商業。做網拍和零售是我年輕時的嚮往，覺得可以實際把選品賣出去的成就感是無與倫比的。為了要替客戶測試，自己也開始賣賣小東西，這是當初踏入電商的起點。

在社群行銷和廣告投放的工作之間，一直以來都覺得Instagram是個相當有趣、特別的社群平台。它的多變、趣味性，對世界商業經濟的影響和使用者習慣的改變，令我想深入研究，也開啟了自己設定個人品牌在Instagram的一場大型社群開箱實驗。身為一個外型普通的平凡人，一年左右能在社群上擁有十萬粉絲追蹤的成效，讓我更加願意投入分享各種實用的行銷經營心法。

行銷是沒有公式可以套的，任何方法也都要依照品牌現況和執行時序擬定策略。雖然爆紅無法複製，但是仍可以參考過去各種成功的案例，嘗試實行在自己的經驗中。在這其中，我更發現社群行銷的部分，首先要喜歡自己做出的內容，受眾才會開始正視品牌，也就是要投入更多的感情。

操作粉絲團也好、經營Instagram也好，粉絲互動就是一場長期的感情經營，世界在變、受眾也會變，掌握粉絲口味的人就能在社群行銷上掌握流量和銷量。除了觀察社會變化，也要確實深入其中，在行銷的路上我也一直不斷發現新玩法，並時時刻刻修正自己的觀念和不停學習。直到現在，仍然覺得身在行銷的世界裡非常有趣與充滿新鮮感。

這是我的第一本作品，希望可以透過過去的經驗和成功方法，幫助任何想要增加粉絲互動、品牌轉換的行銷人。

電商人妻 Audrey

contents

Chapter 2 進入經營社群的最佳狀態 ▼▼ 79

Chapter 4

商業互動的內容設計

Chapter 5

品牌人設與粉絲對話 ▾▾ 191

Chapter 1

社群圈粉時代

一百個人就有一百種介面，
理解社群生態，找出最適合自己的
經營平台與行銷模式。

Lesson 1

大環境下的社群生態

必須突破觀察盲點才能找出未來趨勢

我們每天都會在網路社群平台上獲得最新的資訊，以致於若是沒有在社群上看到的事情，就彷彿等於沒有曝光度。不論是Facebook也好、Twitter也好，都已成為生活中無法缺少的一部分，這些平台幾乎取代了傳統的訊息傳遞模式，成為廣告曝光的必要版位。近幾年來，更成為提升企業銷售與經營個人品牌的重要推手。

廣告行銷無法脫離社群，也讓新興的「社群人」一職，突然躍升為最熱門的行業與企業徵才目標。在這樣的社群意識社會裡，如何累積受眾目光、累積粉絲量體、讓社群為品牌灌入最多的流量，這些現象都徹底改變了商業社會的

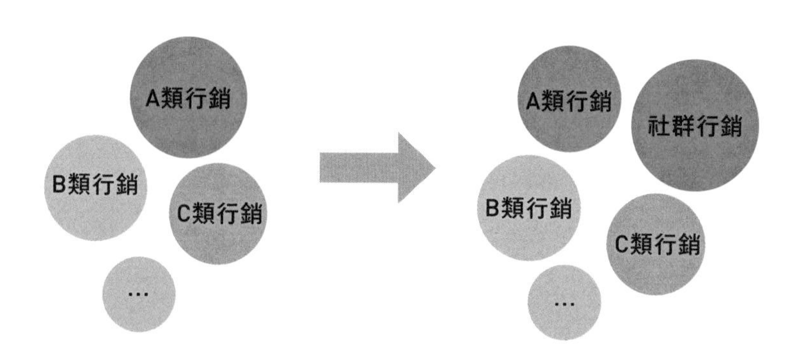

過去與現在的訊息傳遞大略變化圖

營運模式。

從為傳統媒體做訊息傳遞、電視廣告，一直到現在的社群行銷、社群經營，這幾年作為行銷人的我，觀察到不僅品牌和廣告代理商對「行銷」這件事相當重視，而操作方式、廣告預算編排、代言人物等，也漸漸產生變化。一般的社會大眾對社群媒體內容的感知度也越趨敏銳，對社群媒體運用度更熟悉，在這樣的情況下，對行銷人員來說，也需要花更多時間做出不一樣的內容來吸引粉絲及消費者的目光。

「社群化」已成為生活的一部分

線上同時有這麼多社群平台在運作，各種不同的使用者穿梭在Facebook、Instagram當中，全世界的社群平台運作與研究分析已成為顯學。根據napoleoncat.com的統計報告指出，台灣社群平台使用者主要仍分布在Facebook上，且使用者年齡層廣泛、男女比平均，其次才是其他社群平台。

我們可以觀察到，這幾年使用社群的年紀越來越普遍，小自幼稚園兒童、長至身邊的爺爺奶奶，每天都在手機上取得最新資訊、跟親友聯繫，數位化的普及帶來的是全面「社群化」的社會。每當我們看見有趣事物的第一個念頭，便是拍下來用通訊軟體傳給好友、打卡發限時動態，各種「儀式感」與「制約化」的動作和反射，代表使用社群軟體已經深根為生活中的一環。

在目前市場競爭如此白熱化的狀況下，深入了解市場變化和研究報告，對社群人員來說是必備的知識，能快速找到對應需求的資料來源是基本該具備的

表 1

napoleoncat.com	各國社群平台使用年齡層及性別各月分布變化。
later.com	Instagram最新功能，以及及使用者經營方法。
HubSpot.com	社群平台版位使用數據，以及演算法變化統計。
socialbakers.com	社群平台趨勢年度研究報告與社群時事趨勢。
engaged.ai	Instagram使用者統計數據和最新演算法趨勢。

技能。表1推薦一些長期深入研究社群平台資料分析的網站，透過這些網站，每年固定釋出的大數據統計與分析資料，有助於我們經營社群時，能更進一步認識社群環境的延伸變化與演進。

事實上，目前有更多媒體和新聞網站陸續會釋出各種不同的研究報告和統計，這些報告多數來自串接社群平台的數據資料API（Application Programming Interface，又稱為應用程式編譯介面），可作為分析的基礎；也有不少資料來源，來自該媒體自身對全球百大品牌或企業使用度、受眾名單使用資料產出的報告研究。

人妻圈粉心法

為求資料分析的平衡與客觀性，會建議社群人員就單一性質研究，利用多種來源互相比較及平均分析。

時代的共同語言變化

社群的全面普及化帶來的不僅是生活方式改變，連生活中的認知和語言也都連帶改變了。我們常說的「同溫層」、「PO爆料」……等社群行話，隨著不同的社群特性、社群意見領袖出現，這些語言詞彙影響了一般人看事情的角度，也同時影響了行銷人員經營社群的方式。不僅如此，社群平台的使用者介面設計（UI）也因為大眾使用習慣，直接或間接地形成固定的設計模式，人們也因為社群平台介面設計（如按鈕配置、播放鈕、時間軸）受到影響，而改變使用媒體的習慣。除了實際的詞彙影響，生活方式中的「儀式感」、「制約化」又因為社群平台產生了什麼改變呢？

▪ 社群儀式感

什麼是社群儀式感？例如，旅遊時進入飯店，在把行李放下之前，一定要完整拍下美美的飯店房型；去下午茶店吃甜點，甜點上桌準備食用前，手機一定要先吃（先拍），所有東西都拍好後、上傳社群平台及打卡都完成，才可以開動。

▪ 社群制約化

社群制約化和社群儀式感有何不同？社群儀式感是一種具流程的意識動作，但社群制約化則是在無意識之間，這些行為或條件已經深入日常，成為約定俗成的動作。例如，看到側躺的三角形就會想要去按，以為它是播放按鈕；朋友按了某篇新聞報導貼文讚，代表對方認同該則新聞內容……等。

深入了解演算法依據，讓經營事半功倍

談及社群平台的操作與經營，了解演算法的運作能幫助我們下各種經營規劃決策、甚至決定素材設計。每一個社群平台的演算法都不同，演算法是每一間公司最重要的資產，鮮少有社群平台直接公布他們演算法的邏輯。但我們可以在每次跨國社群平台會議（例如：每年的Facebook F8社群大會＊）、社群平台記者會、產品發表會活動與媒體訪問上，了解運作方向和該公司目前注重的地方、功能異動，甚至也可以在平常研究社群平台運作之時，觀察出演算法改變的走向。

除了頻繁使用想觀察的平台之外，多開一個帳號來做測試使用也是不錯的

＊註：Facebook F8是Facebook舉辦的一項年度活動，主要參與對象為Facebook網站開發周邊產品的開發者和企業家，活動中會介紹新的產品特性、發布新產品等。

方法。每個人的Instagram介面都有不同的小細節與小功能，而在探索頁面上動態貼文出現的內容，也代表著每個人的視角都不一樣。開一個測試帳戶除了方便做素材測試外，也能藉由貼文觀察，目前可能哪些形式的內容出現最頻繁、做了哪些動作可能會有更好的效果等，在帳號之間多作比較。

在觀察研究之餘，為了突破平常未曾察覺的盲點，像是Social Media Today、TechCrunch此類的線上新聞媒體，也經常分析不同年度的演算法變化、社群趨勢，相當推薦大家定期觀看。

✦人妻圈粉心法

了解演算法可以幫助我們做出最有效果的行銷活動，每季做行銷活動之前，先把演算法更新到最新的知識狀態，再搭配活動規劃，效果事半功倍！

Lesson 2

Instagram的社群特性

高封閉性、互動親密，介面變化多樣

Instagram是個非常特殊的社群平台，從一開始推出至今，不同於其他平台如Facebook、YouTube等，是封閉度較高的社群網站。Instagram是以行動裝置App使用優先為邏輯，極少人是用電腦版觀看和互動，貼文內容向外連結度也比較低，如貼文在沒有下廣告的狀況下，是無法加連結開啟外部網站的。

無心插柳的親密度

在這樣封閉的特性下，無心插柳造成一種特殊的社群現象——很容易可以提高使用者之間的親密度。這樣的特殊社群性，讓從前使用Facebook的使用者紛紛轉戰使用Instagram，好像在這裡可以有更多的隱私感、更特別的使用模式。而全世界的商業品牌也看中了這點，紛紛進軍Instagram開立商業帳號，在這裡進行各種品牌行銷以及社群互動。

▪新型態互動版位的普及

近年，Instagram推出了「限時動態」的功能，瞬間躍升全球社群網站限時動態使用率最高的平台，甚至超越了自家產品Facebook，每天約有一億左右的限時動態在全球上傳使用。這個24小時就會不見、即時性高、稍縱即逝的功能，在上面可以用照片或15秒影片的方式傳遞資訊，很適合作為商業品牌或個人自媒體測試各種不同的行銷素材。

▪限時動態增加雙向互動親密度

現在我們打開Instagram，多數人第一件事不是滑動態消息，而是先選自己想看的友人、公眾人物限時動態，限時動態的內容幾乎都是當天發出，或記

錄當下眼前看見的事物，也就是說，當我們想窺探公眾人物私生活、或想看朋友們現在在做什麼，通常第一個念頭就是打開他的限時動態。即時性高的限時動態打破了過往單向傳遞的訊息模式，更增加了雙向互動的功能，不僅可以透過限時動態傳送訊息，官方也持續不斷地增加了很多新功能和新貼紙。

一百個人就有一百種介面

據Facebook官方於二〇一九年F8大會的說明，及平時Instagram官方產品經理們在各大媒體受訪時，都曾表示Instagram的功能很常做不同的AB測試，而這些測試通常和個人帳號追蹤數或地區較無相關。我們經常發現，今天僅有幾十人追蹤的私人帳號

不同的使用者限時動態工具列位置不同

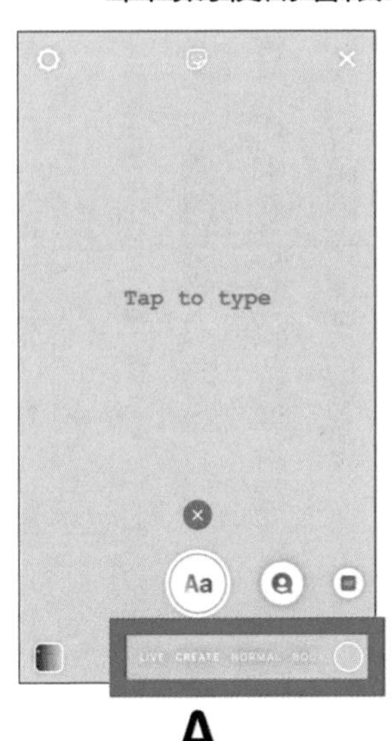

A

B

具備某A功能，但數萬人追蹤的商業帳號卻沒有，在這樣的情況下會有什麼樣的影響呢？

對社群行銷經營者來說，不同的版面可能影響了素材的發布，對素材製作恐侷限了發揮程度，不過，我們仍然可透過其他的方式做行銷或訊息傳遞處理，雖然細部的功能不同，但整體運作的邏輯卻是不變的。我們經常看到在社群上很多人提出Facebook或Instagram故障的消息，這是因為目前Facebook每日流量大，團隊和產品經常更新版本，出問題的機會很高，而官方也時常嘗試各種不同的新功能、版面、個人使用體驗最佳化等，因此，平台的穩定度是波動的。

Instagram和Facebook就長期來看，都是很新的網路社群平台，在這樣新的使用體驗及尚未成熟的穩定度下，對使用者來說也是能藉機成長與學習的機會，在平台上測試各種新玩法、新的素材運作模式，都會在不同的時期得到不同的行銷經驗與轉換效果。

✦人妻圈粉心法

當平台不穩定的時候，不妨多加測試平常猶豫的原生照片或影片素材，可能會觀察到有趣的演算法結果。

讓消費者主動散播的打卡能力

二〇一七年左右，歐美地區開始盛行一個全新的行銷指標——Instagramable及Instagramability，這是什麼意思呢？在Instagram，最主要的就是視覺圖像優先的運作模式，因此，圖像這件事對商業品牌經營各方面都是最需要留意的指標。什麼樣的內容可以吸引用戶拍照上傳，或是讓消費者能主動提供素材並造成口碑傳播的效應，這就是Instagramable的含義：可以被拍照打卡上傳到社群網站的特性。

品牌的實體店面是否可能因為Instagram的用戶造訪，而累積打卡次數？實體店內的裝潢或擺設能不能因為消費者或網紅造訪，自主產生內容散布而吸引更多消費者前往？這些都成為行銷的考量因素之一。除了實體店面外，商業品牌的產品是否具有這樣共同的特性，也是零售業者在產品設計、包裝的過程中，必須一起思考的重點。

而Instagramability代表的是，商品或店家本身、行銷人員本身的特質，是否具有Instagram的運作思考能力。例如，這項產品的外包裝具有可被拍照、打卡的特性，這個小編具有將行銷內容設計成讓粉絲或消費者會想要主動散播的能力。

以上所談及的不論是「特性」還是「能力」，都是以Instagram的圖像優先為邏輯，在商業經營中，這樣的「拍照、打卡」是具有相當大的經濟轉換潛力，也有越來越多人會以社群中看到的推薦或商品開箱文作為消費的參考。

▪社群打卡經濟趣事

印尼峇里島度假天堂的商業社群行銷普及度非常高，為了實際去探訪這些所謂的「熱門打卡餐廳」是不是真的這麼厲害，前幾年出差時，我特別找了幾家在Instagram上常常看到歐美部落客必訪的店家。

在水明漾（Seminyak, Bali）地區，有很多的熱門打卡餐館，在社群上總會看到旅客和景點指南推薦的幾家高指標性下午茶店。而我實際去過幾間後發現，這些店家有些不僅空間不太寬闊甚至沒有座位區，或是位於比較難以進入的位置，但因為擁有美麗的拍照外牆或模樣可愛的飲料，排隊人潮相當龐大，且部分店家因顧客真的太多，還有限制拍照的時數。

實際造訪過數十間店之後，我了解到在社群上呈現出的照片其吸引力，可能勝過餐廳的規模或餐點的美味程度，為了能在度假時搜集到這些美麗的景點，並拍照、打卡上傳至社群，即使交通較不方便或價位可能沒那麼親民，仍然能有相當高的翻桌率和經濟轉換能力。

✦人妻圈粉心法

在產品上或店鋪內設計一些小巧思，不論是特色餐點或空間設計，都能增加消費者自主口碑行銷的轉換能力。

Lesson 3

打造個人社群圈

創造他人想分享的內容、加強粉絲黏著度

不論是在運作商業品牌或個人自媒體，尤其是在Instagram當中，必須具備一個特殊的社群圈思維，那便是「每一個帳號都是獨立的社群圈」，設法加強單一帳號社群圈的實力，用這樣的思考模式經營Instagram，才有機會讓社群圈變得更強大。我們該如何想像社群圈的樣貌？每個單一帳號的經營者就好比同心圓的圓心，而追蹤者就是吸引在圓心外形成的圓，如果這個圓的外圈越厚，代表這個社群圈的向心力越足、粉絲對帳號的忠誠度越夠、轉換力越強。

但社群圈的厚度和粉絲數量無關，並不是粉絲數越多，就能擁有越高的忠

誠度和轉換能力，一切都還是得依靠平時的內容及互動來鞏固社群圈的厚度；社群圈越厚，越有機會影響陌生潛在粉絲，把他們圈進來成為粉絲。而我們也可以依據平常的貼文內容，不斷加強社群圈的凝聚力，模式是：而「內容產出↓觀察受眾反應↓蒐集受眾回饋↓調整內容再產出」這樣的過程。

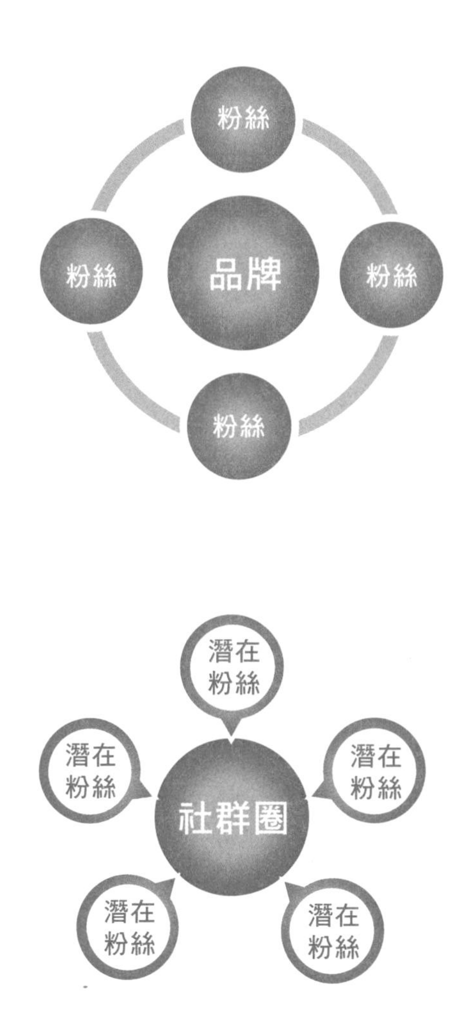

不同平台內容產出的策略

各種社群平台對內容產出的規劃，其實都有很多不同的作法以及排程規劃策略。通常我們自己的私人社群帳號與朋友或家人之間互動，貼文或訊息的往來都相當單純，不需經過規劃就能很自然地產出。但當要經營商業品牌或自媒體的內容時，就必須採取不同的視角來看待「內容經營」這件事。

面對商業經營在社群平台時，需要注意哪些部分？或者我們應該如何著手更能創造出粉絲或消費者喜愛的內容呢？在現代的商業社群行銷當中，什麼樣的內容可以更有效傳遞品牌訊息，以達到行銷效果最佳化，接著，將說明以Facebook與Instagram作為內容經營的案例分享。

▪ Facebook的內容產出

當Facebook席捲全球，也成為台灣市占率、使用率最高的社群平台後，其演算法已經調整不下上千次，很多人會說目前的Facebook觸及率已不如以往，過去社群平台剛興盛時，電商品牌或個人自媒體的流量紅利都非常的吃香，

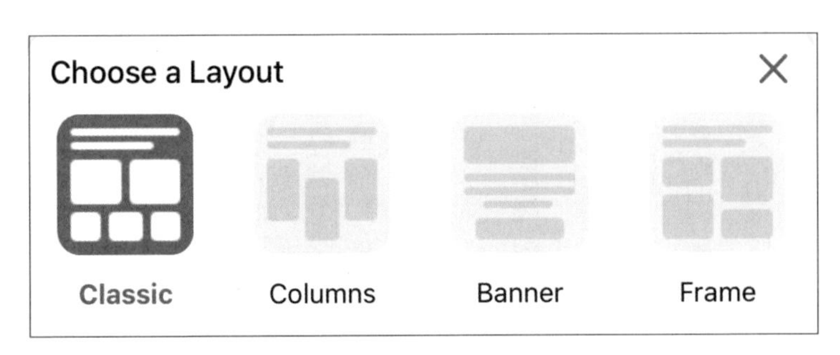

Facebook圖片切版模板

不需過度思考要如何提高觸及，廣告費也算低。但經過演算法調整後，流量紅利不再，「內容為王」的意識漸漸抬頭，是專注在內容行銷變成社群行銷的重要指標。

在圖像及影音的傳播部分，除了要遵守Facebook設定的規範外，社群人最重要的使命就是先抓住大家的視覺，在吸引受眾目光後，才開始把訊息置入其中。很多商業品牌在做圖時，會刻意以Facebook圖片呈現的方式排版。例如，依照片會出現的先後順序切圖，或者把訊息文字壓在圖片上，這些都是吸引目光不錯的作法。又如影片最前面的3～5秒，會設法用精彩片段、華麗的視覺效果引人注目，然後正片才開始。

另外，因為Facebook的每篇貼文，若文字過長，都會經過「文案收合」的方式呈現在動態消息上，也就是所謂的「繼續閱讀」形式。對商業經營者來說，將重要的標題或優惠訊息、連結，放在最前面幾行，能省去受眾按下「繼續閱讀」的動作，以最快、最直覺的方式傳遞訊息。

最後，如Facebook和Twitter這樣「轉推分享」功能較吃重的社群平台，若能讓受眾分享貼文在自己的塗鴉牆或其他版位，對自然觸及的效果會大幅增加，社群人可以思考如何創造「他人會想分享的內容」以作為內容產出的最大策略點。

▪Instagram的內容產出

對於Instagram這樣以「行動裝置」為第一優先考量的社群平台，如何讓受眾在通勤、行動之間，最快地接收到訊息、最符合小裝置觀看的內容，是Instagram內容產出最大的思考點。99％的Instagram用戶都是用手機觀看平台的內容（用電腦觀看也有，但是比例真的非常稀少），且Instagram幾乎可以說是一個以視覺優先的社群平台，不同於Facebook或Twitter，可能要在帳號主頁多滑幾下，才能完整了解帳號內容。Instagram一打開，一目瞭然的就是所有圖片，因此，對大部分的商業品牌、自媒體來說，視覺是最優先要經營的部分。

Instagram的視覺經營分成兩大部分：版面規劃經營、情感視覺經營。這兩者最大的差異就是「是否有目的的進行版面規劃」。以版面規劃經營來說，每篇貼文的照片格式、圖像安排，都得經過編排。「是否有思考版面視覺度的風格一致」，多數的商業品牌會用這樣的方式做Instagram的視覺規劃，讓受眾進版的第一印象就是風格清楚可辨識、且容易帶出品牌的特性。而所謂的「情感視覺經營」，通常這樣的版面大多未經過規劃，以當下攝得的畫面或最喜歡的圖片作為貼文的視覺，一般是以Youtuber、網紅人物（動物）或公眾人物的版面居多。

另外，過去的Instagram使用者以及對這個平台不熟的陌生用戶，可能一開始都會存有「Instagram就是要放漂亮照片的地方」的刻板印象。而經過多年Instagram的使用經驗及發展歷程，越來越多使用者會把文案加強成為輔助照片的最佳元素。視覺是抓住大家目光的敲門磚，而文字則是圈住受眾成為粉絲的最好機會，因此，現在Instagram的經營，每篇貼文下的文案就是發揮訊息傳遞最佳的方式。

✦人妻圈粉心法

不論是哪一種版面經營，都加入一點情感的互動，會讓粉絲的好感度大增。

Lesson 4

觀察粉絲的各種留言與評價

讓品牌快速成長與長久經營的關鍵

觀察受眾反應是商業經營能持續成長最重要的關鍵，若說平台的演算法決定了一開始的成效觸及率，那麼，受眾反應就是讓品牌成長及長久經營的關鍵。貼文是否能讓粉絲看了之後產生進階的轉換動作，或是能否打造自主口碑傳播的效果，都是降低廣告預算，提升自主行銷傳播能力的方式。在這個以受眾反應（按讚、留言、分享、購買……等）作為成效指標的商業經營時代，我們可以透過什麼方式來觀察受眾的反應呢？

社群平台洞察報告

不論是Facebook還是Instagram，商業帳號或創作者帳號的後台，電腦版或手機版其實都內建了各種大大小小的洞察報告數字。透過這些數字的呈現，我們可以觀察整體帳號的成長、觸及率、互動率等，也可逐一檢查單篇貼文的表現。用數字當作成效分析，是目前很多商業品牌的作法。

▪第三方監測軟體

官方提供的數字即便再清楚，對有長期報表需求的社群人來說，很多圖表和計算數字都還是需要手動運算過，才會得到各種不同產業的需求結果。例如，雖然Instagram的貼文洞察報告會告訴你有多少人按讚、收藏了這篇貼文、觸及人數等，但卻無法告訴你這篇貼文確切的「互動率」是多少。官方對某些成效指標也未提供確切的運算公式，很多社群人會依照自己想要的數字來計算，然而，這樣的狀況下很容易產生錯誤。

於是，市面上有非常多的第三方監測工具因此而生。行銷人可以使用工具輸出報表，或相較官方洞察報告更詳細的成效結果，以作為觀察受眾反應的成效工具。如台灣知名的Instagram分析軟體engaged.ai，就是忠實呈現Instagram成效數據的有力平台之一。

▪田野般的自然觀察法

自然觀察法是比較難用軟體去衡量的。例如，收到10則留言時，有一半的留言是批評、一半是好的，這樣的成效以數字來說都是10則，但影響的效果卻大大不同。自然觀察法除了觀察帳號本身的成效外，外部的討論度及話題程度也需要同步了解，同樣一個品牌在網路上的聲量是正向還是負面的討論，這些都是觀察受眾反應很重要的一環。討論平台除了相關產業的社團外，臺大批踢踢實業坊（PTT）以及大學生使用度較高的Dcard網站論壇上，都可利用關鍵字查詢品牌的討論度及反應。

粉絲回饋幫助品牌優化行銷內容

貼文發出後，除了觀察受眾的反應之外，我們也可以從各種角度收到受眾的回饋，而這些回饋能幫助品牌改善內容行銷的進行，甚至成為素材之一。

很多品牌在面對消費者或粉絲時，大多數會忽略實際回饋的效益，而把注意力放在成效數據分析上。事實上，來自受眾的回饋數量雖然不及洞察報告成效指標來得高（留言或評價的次數多數時候也比按讚次數或分享次數少），但這些回饋卻比平台上的數據，對釐清受眾需求更有幫助。一般來說，來自受眾的回饋分成：社群平台留言及訊息、評星評價、照片或影片的回饋。

▪社群平台留言及訊息

社群平台收到的「留言及訊息」與「按讚分享」這兩者之間不同的意義，在於留言和訊息通常較能代表粉絲及消費者反應的原貌，這些內容比按下追蹤或喜歡來得有力許多。收集受眾的回饋並加以整理、分析，不僅品牌能更深入了解粉絲的社群觀點、對品牌的觀點、對議題的觀點，也是幫助品牌與受眾之

間加強互動與溝通的模式。

▪評星評價

從二〇一八至二〇二〇年，蝦皮個人賣家以及平台使用度激增，普及率越來越高之後，消費者和店家對評星制度越來越重視，不僅蝦皮平台的評星制度，Facebook的評星評價區域和Google地圖的店家評分，這些版位都開始成為人們看待品牌與交流的首要位置之一。

這些評星及評價大多數是無法關閉的（Facebook目前提供關閉評分版位），除了品牌店家會希望客人提供好評或五顆星的回饋外，多數消費者也養成到訪、購買之前先查閱評價的習慣。而觀察這些評價，對品牌內容行銷的策略擬定和內容產出也有相當大的助益。

▪照片及影片回饋

比文字和星級評價更有說服力的，即是影音或圖像的記錄回饋，一般來說，零售業者會獲得較多這樣的回饋內容，不過現在也有許多KOL的社群平台上，轉貼滿滿的粉絲打氣語錄，或經KOL、網紅代言及推薦某些商品後，粉絲主動購買並交出「作業」等實際的影像回饋。

以Instagram來說，當受眾主動購買了品牌商品或服務、KOL推薦的商品後，發布在限時動態或貼文上，標註品牌或KOL，即可讓被標註者輕鬆地轉貼這些素材到自己的版位中，這是目前社群平台受眾回饋最大化的呈現方式。由受眾主動提供的回饋照片或文字，踴躍程度越來越高，代表著社群平台不斷在進步，也是目前在社群平台行銷或建立自媒體的優勢。

✦人妻圈粉心法

提供粉絲們一個曝光與發聲的舞台，能增加更多潛在目標族群被圈粉的機會！

粉絲購買KOL推薦的商品回饋照片

調整內容反映出對粉絲的重視感

收到以上提及的各種形式的回饋後，品牌藉由這些內容來調整之後社群經營的方向，不僅可以反映品牌對受眾感受的重視，也能藉機成為品牌二次宣傳的好機會。調整內容的方向有兩種形式可以作為基礎調整的模式：一、綜合受眾反應及回饋後的調整，二、以受眾反應或回饋為主的調整。

第一種濃縮受眾反應及回饋後，綜合這些內容，品牌可以「用自然改變」的方式，朝另一種方向產出內容或改善產品。假設服飾品牌經常收到消費者反映想要更多樣的尺寸選擇，可能就可以在下一季新品發表時，增加全尺碼的商品販售；內容創作者若收到觀眾反應內容太多不雅畫面或字眼，在之後的創作上亦可善意減少類似內容的出現次數。

另一種以受眾反應或回饋為主的內容調整形式，則是屬於「直球對決」模式的改變方式。收到反應後，將反應或回饋也當作內容調整的素材之一。例如，寵物產品的品牌，消費者購買後，寵物吃下飼料改變了毛色亮度，消費者詢問品牌是什麼樣的成分而產生這樣的改變？像這樣的回饋和文字，便可以此為案例，在未來相同產品內容行銷上，徵求飼主同意後，轉貼此案例並說明是什麼成分改變了寵物的毛髮色澤。

✦人妻圈粉心法

以粉絲回饋意見為基礎，不斷調整內容或嘗試不同的風格，可能會帶來意想不到的好成效！

Lesson 5

如何開始經營社群及規劃？

找出適合自己的平台與經營主題

當社群行銷成為現代社會行銷指標的重要一環後，商業品牌通常會出現兩種情境。第一種是未思考社群經營的目的與效益分配，擔心跟不上競爭對手或時代變遷，就急急忙忙什麼都想做；另一種則是把社群經營當作里程碑經營，好像品牌不做Facebook或不做 Instagram就是不行，把所有的平台當成行銷的指標之一，不做就是品牌的建立不足。

然而，這兩種心態都不是健康的建立社群態度，我們常常看到有些品牌上級看到行銷的趨勢指出哪些平台現在很紅，就交代員工要開始執行。社群人雖然是行銷八爪魚，但也不見得每個人都可以快速應對平台的使用模式和潮流。那麼，假設品牌（新品牌、老牌新生等）要開始執行社群經營，需要知道或需要具備的條件又有哪些呢？

挑選品牌經營主題前，先想好策略

在新的社群平台開啟帳號並經營內容，就彷彿拿到一張空白的畫布，要開始在上面建立畫作。然而，過去的經驗告訴我們，如果沒有先架構一個草稿或繪畫的思維，到後面就容易陷入越畫越偏、越畫越錯的情況，社群經營也是相同狀況。

在挑選主題時，往往會面臨兩種情境。第一種是已經有既存的品牌，這時的目的是發展在社群上；而另一種則是從零開始，連品牌名稱、內容方向都沒有，通常後者比較普遍存在於個人品牌與自媒體建立。以下就以這兩種情境搭

配案例，看看該如何著手經營。

■既有品牌發展社群

A公司是市面上從事連鎖店面的服飾零售業者，為了增加營業額考量，發展了網路銷售的部分。也想建立屬於品牌的網路社群，從實體跨足網路，在過去已有既存的實體店面行銷手法和模式，不過，A公司面對網路生態並未成熟建立相關的思維，要如何開始建立網路社群經營策略呢？

一般零售業者發展網路社群最終的目的，還是要帶銷售。以最終目的來看，選擇容易帶銷售的平台就是確立主題的第一要務。通常在多種商品欲銷售的品牌，把社群建立在可帶多條連結的社群上相較來說會吃香許多。例如，Facebook的貼文可以帶多條連結、但Instagram的貼文則無法帶連結，由此便可比較出差異性。

確認對品牌的優、缺點之後，可依次要目的陸續畫出社群經營的策略階層

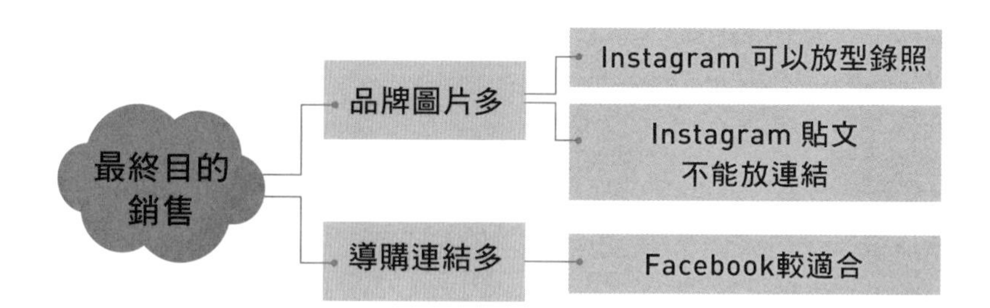

圖，這個階層圖就像拿鉛筆在畫布上擬稿，照著階層圖操作對品牌的社群建立更有幫助。

最後，是否要經營所有的社群平台呢？當品牌建立了一種平台後（例如，Facebook），往往會開始思考是否該把所有的帳號都開啟（例如，Instagram、Twitter等）。如果品牌已經在社群平台上有不錯的互動和轉換率，在人力許可的狀況下，開啟其他平台的帳號當做加強外部搜尋引擎SEO＊、Instagram打卡標註點……等，也許是個不錯的模式。不過也可以自身經營狀況來評估是否有需要深入經營，很多品牌在評估需求後，會覺得目前發展的模式已經可以帶出足夠的轉換力，因此放棄其他平台的情形也很常見。

＊註：SEO 是一種透過自然排序，無付費的方式增加網頁能見度的行銷規律。

▪從零開始建立社群

B小姐是朝九晚五的小資女孩，想要發展斜槓身分、建立個人品牌，獲取自己的第二份收入。擅長在Instagram與人互動的她，想要從Instagram開始分享，但無法決定要從事哪一類型的主題及產業，這時該從何著手起呢？

相較於對自身優勢或經營主題非常明確的人，迷惘該如何開始建立社群帳號和經營主題者的比例也非常多。不知道要如何找到最適合自己的主題、或想做的事情太多，不曉得該先做哪一樣，這時以「幻想預視」的模式來確定主題，是一種初階的方法。「幻想預視」的意義，在於想像自己達成可運用個人品牌、自媒體以獲取收入的時候，可能會身處哪些情境之中。

例如，想要達成可以靠網站插入廣告的形式獲取收入，或可以收到喜歡商品的廠商邀約合作商業文而獲取收入、可以販售自己的作品獲取收入等，這些情境首要的條件——就是主題必須是自己喜歡、持續做下去也不會膩的專業領

想要建立個人品牌 → 比較會用 Instagram → 用 Instagram 建立個人品牌

域。想像了這些情境後，再深入思考哪些主要產品或服務是自己有興趣的，搭配思考後建立自己的思維階層圖，就能找到離主題更接近的確切條件。

除了釐清更明確的條件外，憧憬哪些目標人物從事的行業？或是在這個主題經營中，可以發展出更多適合自己的興趣。例如，喜歡某位美妝部落客，覺得自己對美妝的主題深感興趣，發展美妝的主題後，可以與自己的第二興趣——COSPLAY再做結合等。不少自媒體的創作者，都是在經營品牌的路上發展出更適合的類型路線，多方嘗試結合不同的主題做測試，也可能意外帶來不錯的效果。

✦人妻圈粉心法

反覆自問：「我需要做什麼努力，才可以達到這些理想？」也能幫助你找到最適合自己的經營策略。

社群經營的工作角色分配

企業要經營網路社群的時候，可能會由多人分工來經營同一個社群帳號。每個人都以不同的身分來執行工作任務，但也有另一種狀況，只由一個人來處理社群平台的所有事務。不管是品牌經營或個人經營，要能勝任社群經營需要具備什麼樣的條件？以下劃分每一種需要執行的任務及角色，一人可能也同時需要具備多種社群的執行特性。

▪ 趨勢分析者

趨勢分析對社群經營占有很重要的地位，這個角色必須知道目前受眾喜愛的內容方向是什麼，時事節慶可搭配行銷的內容、產業趨勢分析，以及自身品牌優劣勢為何，對趨勢敏銳且社群意識高，通常能提供內容經營適當操作的靈感來源。

▪ 製圖設計者

為社群內容經營設計可用的圖像，製圖者除了要能將影音圖像內容結合行銷目的，了解何種素材可達到訊息傳遞的功用外，對智財權與版權也須具備基本知識，提供原創性質或合法的內容，好讓品牌行銷使用。

▪文案撰寫者

文案是一個品牌的靈魂，能完整地把靈魂釋放的文案撰寫者，是掌握品牌精神的關鍵角色。除了理解什麼樣的文案能抓住受眾的心，更要具備將文字帶有轉換能力的設計作用。

▪社群互動者

社群互動的角色，是維持品牌與受眾之間感情的協調者。很多品牌第一線的小編人員或品牌主，通常會擔任在社群上發聲的對象，在現代的社群環境中，好的互動者需要具備耐心與基本公關能力，以打破網路上人與人之間的距離，同時也提高品牌的好感度。

▪廣告投放者

廣告投放對某些品牌來說不一定需要，很多品牌自然成長，就能在社群上取得不錯的成績。但如果部分曝光還是必須仰賴廣告投放的話，投放者除了得知道如何操作投放程序外，也要了解如何設計投放的邏輯和廣告漏斗，以協助品牌成長並且不浪費預算。

■成效分析者

社群經營每一季或階段性經營過後，需要檢視這之中的經營策略是否達到預設的目標。成效分析者除了要全面了解這段期間規劃的內容，也必須具備分析受眾反應與互動回饋的能力。除了知道數據要如何忠實反映經營成果外，也要了解環境變化如何影響社群經營。

✦人妻圈粉心法

若你是同時身兼多種角色的社群人，適當安排角色心態轉換，可以幫助工作順暢不打結。

Lesson 6

品牌經營的圈粉關鍵

與粉絲互動情感交流最具指標性

找到品牌執行的主題之後，接著是決定內容要朝什麼方向經營，要用什麼樣的視覺來建立之後品牌在社群上所呈現的樣貌。

基本上，要有一個共同的認知——就是「希望他人看到這個品牌時，心裡會產生什麼樣的感覺」，社群上呈現的內容或風格，就是希望外人如何看待品牌的樣貌。

三大細節安排決定圈粉成敗

除了視覺之外，文字和其他的元件細節，也都是堆疊出品牌質感的要件。很多品牌對社群上的每個功能都會仔細盤點與安排，例如，行動呼籲的按鈕要放什麼、品牌簡介的位置說明文字是否要運用小符號、社群圖片的安排，是不是能延續品牌官方網站的購物流程體驗……等，各個小地方累積起來就是品牌整體的風格。

而這些策略除了影響內容是否可以輕易傳達給受眾，也是品牌行銷與圈粉重要的關鍵，經營社群就像玩RPG電玩一般，要如何養成遊戲的角色、獲得什麼寶物、先過哪些關卡，然後依序破關得到自己想要的成績。

❶視覺策略引起共鳴

若品牌原本就有既存的風格，那麼，延續風格並呈現在社群上，也是快速讓受眾進入狀況的好方法。例如，品牌實體店若是以金色、咖啡色為主，社群上使用的色彩也一貫採用這個樣貌，讓點閱的人能立刻識別並了解目前在哪個品牌的專頁。視覺策略越貼近受眾的生活情境，越能有助於引起共鳴感。

❷內容策略提高討論

結合品牌的產品或服務，階段性的安排商品露出或服務說明。以零售業來說，商品種類眾多，如何在有限的社群版位，讓商品在社群上露出、新品上市如何呈現，以吸引消費者注意，甚至引導入店或進入網頁選購等，內容策略是行銷重要的一環。商業品牌的產品可利用故事行銷，個人自媒體則能思考如何把自己視為商品、或經營的主題可以如何包裝，進而加強自然觸及的曝光。

近年來，較常見的是使用「故事行銷」或「情境行銷」作為內容行銷的策略，故事行銷是指賦予品牌或商品一段故事，以引導受眾進入故事情境，再將服務或商品置入進去，影響受眾產生共鳴或共同感知，加強對品牌的識別度與印象。不管是正向的內容行銷或負面的方式，依照想要達到的成效來制定內容策略，持續地讓品牌在社群平台上露出，以及提高話題討論度和轉換力為主。

❸互動策略產生口碑

「產生互動」仍然是社群行銷最基本的要件，Facebook官方也多次強調，希望社群的基本功能，就是帶起眾人在這個平台互相交換感情聯繫，也就是為什麼現在眾多社群平台會把互動指標當作社群帳號的成效衡量。

要用什麼方式和受眾對話？如何處理受眾的留言訊息？在哪裡互動？需要建立品牌社團嗎？以品牌的風格、商品類型、目標族群、品牌的人力負擔，考量這四點來規劃互動模式。例如，若品牌屬於比較高冷的風格，就可多以功能性、知識性、品質做話題討論；若是屬於給家庭使用的品牌，便要多以家庭情境、料理、居家當作主軸，再進一步帶出話題。

品牌社團是目前常見的互動模式，好的品牌社團可以提高鐵粉的培養，產生自主口碑效應。品牌社團可以建立在Facebook社團、也可用通訊軟體建立群組與受眾互動。

多方嘗試不同發文模式

- 同一種素材在不同時段發布
- 同一種素材對不同受眾發布
- 同一種素材在不同平台發布
- 不同素材在相同時段發布
- 不同素材對同一種受眾發布
- 不同素材在同一個平台發布

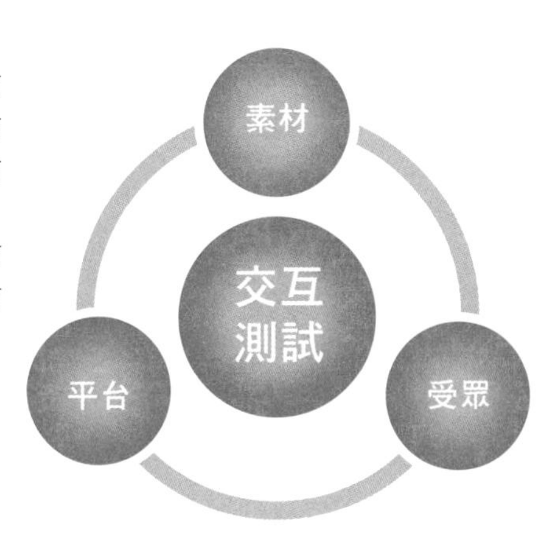

測試最能讓粉絲停留的內容

經過了品牌的建立、操作經營了一段時間後，適時地調整內容和經營方向，是讓行銷成效進步的理想作法。對現在的社群環境來說，因演算法的更動、受眾喜好改變、競爭品牌不斷出現……等，持續採用同一套行銷模式或內容經營，將很難突破社群經營的瓶頸，向外圈粉的效果也較有限。所以，不妨藉由把社群經營內容最佳化的作法，調整內容或視覺走向，藉機將社群行銷做最大化的展現。

可以用來測試的素材包括有：視覺

版型、文案廣告詞、商品的呈現、影片影音……等，可依時間或平台進行各種不同的對照測試。假設同一種商品要做社群互動，可以準備多種素材針對同一族群張貼，或同一種素材對不同族群、平台張貼，在外力影響較小的情況下，評估何種素材對品牌更適當。

測試素材或轉換內容風格、視覺風格，不僅可以配合時事或節慶，更有機會突破社群追蹤成長的困境，經過測試之後，也可能圈到更多的潛在受眾，或發展更多社群經營的新策略。

留意外在因素影響測試的準確性

在測試素材或把社群經營最佳化的過程，需要稍微留意幾種狀況，這些外在因素可能會讓測試素材的時候影響成效數據，失去測試評估的準確性。

若是在不同時段測試素材時，可以考量目前社會上是否經歷重大話題或改變（例如，選舉），這些話題都會影響社群上議題的能見度，或降低目前受眾對素材的關注度。例如，寒流期間對食物商品不太適合測試冷色系版面，因為可能會降低消費者購買的欲望。

除了社會情境的考量，社群平台的穩定度對貼文能見度也有重大的影響。社群平台的功能和穩定度其實都不斷地在變化，故障或功能無法使用、社群平台官方出問題，也是經常看到的事件。若是在這段期間張貼重要訊息，可能無法得到正常的受眾反應或回饋，萬一遇上平台故障，成效分析的準確度就會大打折扣。

✦人妻圈粉心法

針對發文素材做多樣化的測試，讓同一種素材在不同的平台張貼、評估成效，便有機會找出更多隱藏粉絲。

Chapter 2

進入經營社群的最佳狀態

在社群快速變化的時代，
找出各平台的優缺點，
多元化經營更能讓人氣自然成長

Lesson 7

決定你的社群平台

多元社群經營搭配，截長補短、降低風險

對於線上充斥著這麼多的社群平台，該如何選擇對自己較能發揮、充分使用並經營內容、商業轉換又便利的平台？或如何在最短的時間內，吸引到最多的目標族群呢？前面提到，很多人認為擁有了一個品牌，似乎就該全方位的把各平台帳號全部開啟，這個策略乍看之下好像沒有問題，但通常在開始經營的時候，就會發現人很容易在操作平台時被平台綁住，失去經營內容甚至行銷的焦點。

從二〇一五年，我開始在網路上經營零售業銷售，到創立電商品牌，當時的流量紅利*是在Facebook上銷售，可以用比較低廉的廣告投放費用獲得不錯

的轉換率，身邊許多的電商同業，也在這個平台上建立社群。社群經營在台灣來說，Facebook正處於一個盛況空前的狀態，並能帶來許多新的商業機會。但當流量紅利消失後，廣告費用越來越貴，此時，不少品牌意識到如果全部依賴Facebook的社群做銷售，對擴大營業版圖可能會侷限了很多機會。

在二〇一八年，我觀察到Instagram是一個多變的社群平台，所謂的多變，就是指用戶的介面幾乎都有小地方不同，且新舊功能不斷在交替，甚至在很短的期間內，版型就會發生多種變化。從那時起，我開始產生興趣並認真地研究這個平台，以及它對市場造成的影響。由於是研究Instagram，於是便在上面創立帳號分享各種平台測試的成效結果，也與非常多網友在上面互動，一起討論行銷。雖然這是我建立自媒體的關鍵，但很快地，我也發現若是以一個單一平台當做自媒體的發揮點，不但不足也充滿了許多風險。

雖然以社群網站當作收益及經營的出發點，可能存在著許多變化，但是社群的確是能迅速打開品牌知名度，且直接傳遞訊息給受眾的一個平台。

＊註：流量紅利，其中一個概念是在特定平台或特定事件正受到廣大群眾熱議、使用時，能輕易獲取最大流量的狀態。

各平台的使用度及優劣分析

想要把品牌做在社群上，該如何選擇先從哪個平台開始呢？社群平台分析網站napoleoncat.com，是一個可以分析各國、各地區的Facebook、Instagram、Messenger、LinkedIn的使用者統計網站。可依自己想要查詢的年度及月分，查閱當期各平台的使用者數量、年齡、性別等分布。根據napoleoncat.com的數據顯示，台灣長期以來的社群平台使用分布，以Facebook為最大宗。其使用者年齡和性別也較平均，不僅是年輕族群，55～65歲以上的使用者也不少，如果目標族群是全年齡層的品牌，發展在Facebook上是比較理想的方式。

而台灣使用率第二名的Instagram，主要年齡層仍以年輕族群用戶分布較多，約18～35歲，且女性使用者的比例稍高一點。如果是想要發展較高年齡層或特殊主題的品牌，在Instagram就會較受侷限。

除了以年齡性別的目標族群當作選擇平台的依據外，內容呈現也是一項影響選擇的重要因素。如果說Facebook是單篇依序閱讀的模式，那麼Instagram就是如同目錄一般，隨選閱讀的平台。很多以視覺為主，主打影音與影像呈現的品牌則會選擇用Instagram當作經營的工具，Instagram不僅可以大量呈現多張作品，限時動態版位的使用率也是全世界最高的，可以發展多元的互動方式在其中，這點是其他社群平台目前比較難達到的特性。

雖然Instagram是如此多元有趣，但仍有無法忽視的限制。首先，它是一個以行動裝置為主的使用平台，再來App對連結外部網站的穩定度較不平均、貼文的部分也無法加入連結，這些限制便形成了一個特殊現象：商品的導購力普遍來說較Facebook稍低一些。

過去Twitter在台灣的市占率雖然不高，不過，近年來使用頻率也有小幅成長的趨勢。Twitter的好處是轉推分享非常容易，只要按一顆鍵就能分享到自己的頁面中，且動態消息的呈現方式，會以當下發出的貼文為優先曝光，所以能快速收到最新的消息。但Twitter對文字、圖片和影片的呈現方式較壓縮，所以若想呈現比較多的文字內容或完整圖片樣貌，Twitter恐怕就不太適合。

至於以影像和音頻為主的呈現，在YouTube上發展內容，可以讓受眾獲得較佳的觀看體驗。而近期使用率和收聽率飆升的多種自媒體音頻節目，則是讓Podcast和Spotify的自媒體頻道大幅增加。不過，影片和音頻為主的平台社群互動率仍然較低，雖然YouTube開始逐漸讓創作者可以使用貼文的功能，但整體而言，用戶們的互動模式仍顯較為不足。

◆人妻圈粉心法

選擇最適合你的，得到受眾凝聚力的效果，可能會比用戶最多的平台還要來得多！

雞蛋不要放在同個籃子裡

雖然對社群平台的使用，不建議初期就全方位開啟經營，但若僅使用特定幾種平台操作，長期下來，可能會發現失去了流量紅利、或是光靠一個平台不足以圈到更多的目標族群，就得重新開始建立其他的社群平台或外部網站，相對於初期就同時運作多樣平台要來得更吃力。過去也曾發生過不少光仰賴單一平台獲取收益，卻在平台演算法調整後，無法再留住用戶，因而降低觸及曝光度才開始著急的案例，社群平台和部落格都曾發生類似的狀況。

為了避免類似的事件發生，自媒體或商業品牌，在斟酌社群經營要選擇哪些平台時，可以在平台之間多搭配幾種，當作觸及更多用戶以及降低遇到平台潛在風險的機會。

以商業店面經營為例，若是有打卡需求的行銷模式，除了在Facebook上建立打卡點，也能多多利用「Google商家功能」把地標建立得更完整，或利用商家功能分享更多商店、產品的圖片，提供給外部搜尋而來的用戶查閱。

商業品牌除了經營社群，也不能忽略搜尋引擎ＳＥＯ可能帶來的人潮和流量，適當提高ＳＥＯ排名的成效，能讓網路行銷這環更加完整。

而個人品牌或自媒體，是最多只仰賴單一平台經營社群的種類，以下提供幾種方法在初期建立或中期經營時，可以多重搭配的模式與情境。

◎YouTube＋音頻平台：知識型或時事型的自媒體可多輸出一份聲音檔上傳音頻平台，提供沒時間看影片的觀眾在通勤時收聽。

◎Instagram／Facebook＋個人網站：自媒體經營者除了社群之外，也能整理更多的文章到個人網站，可使用WordPress或Weebly等，建立更豐富的內容也提高ＳＥＯ的成效。

◎部落格＋Instagram：使用部落格發展個人自媒體（例如，痞客邦）；若是有大量圖片內容（例如，美妝或美食部落客），就能放在Instagram發展圈粉及增加曝光的機會。

※平台可依個人需求自由搭配。

操作社群平台，在過去也曾發生過許多無法挽救的慘況，如帳號觸犯社群守則遭關閉帳號刪除，一夕之間多年的心血泡湯，不但失去了辛苦建立起的流量和追蹤量，也可能失去了珍貴的作品。

✦人妻圈粉心法

在建立自己的社群圈時，一定要多方考量並做好社群的風險管理，以避免發生失去苦心經營的帳號危機。

Lesson 8

了解你的競爭對手

設立競品才能明確釐清品牌定位

行銷是不是一定要找一個競品（競爭品牌）呢？又或者在社群行銷中的競爭與比較心態，是必須具備的嗎？事實上我認為，選擇或設立競品的作用，遠比「競爭」這件事本身來得有意義許多。排除競爭這項因素，設立競品可以幫助自己釐清自身品牌的定位，有了這些觀察對象，我們更可以知道在社群行銷當中，哪些內容是可以操作、哪些內容是需要小心應對的，同時也是給自己品牌成長的大好機會。

通常我們會找一至多個品牌，設定為我方的競爭品牌。透過分析競爭對手的社群行銷內容，能觀察出這些品牌提供給受眾何種社群內容，每一季、每一年分析競爭對手的行銷手法，也能了解目前這個產業的趨勢、受眾的喜好、市場環境的變化。

跳脫同溫層，找出真正的競品

那麼，要如何找到對的競品呢？除了我們已知或已經既存的內心名單，市場上有許多的第三方工具，甚至Facebook內建的「廣告受眾洞察報告」，都可以提供喜歡你品牌社群的粉絲，可能同時對哪些其他品牌也有興趣；或是同一種領域的產業，哪些品牌是目前較受歡迎的。

在尋找對的競爭者時，除了透過受眾角度、產業領域去搜尋外，也可藉由幾種小方法突破同溫層角度，找出可能很有潛力、也已經累積一票死忠粉絲，自己卻沒有注意到的品牌或自媒體創作者等。

■ Hashtags關鍵字內容收集器

Hashtags除了可以標出內容的關鍵字之外，也可以當作關鍵字內容的收集器使用。以Instagram來說，每一個Hashtags都有專屬的頁面，列出所有使用這些標籤關鍵字的貼文，這些貼文中也分為「人氣關鍵字貼文」與「最近上傳的關鍵字貼文」，透過這個方便的功能，可以快速找到可能與我們產業相近的貼文內容。

「人氣關鍵字貼文」指出目前這個關鍵字點閱率最高，或最受歡迎的貼文有哪些；「最近上傳的關鍵字貼文」可以查到最近有誰貼出了相關的內容，依照自己的品牌產業關鍵字、產品特性查閱，並且收集這些貼文內容，進一步釐清貼文的對象值不值得當作競品觀察。

■ Google快訊能收集第一手資料

Google快訊會依照你想要的關鍵字，收集這段期間使用過這些關鍵字的網站內容，一次推送給你。例如，美妝品牌的社群行銷人員可以設定「唇釉」

人氣關鍵字貼文

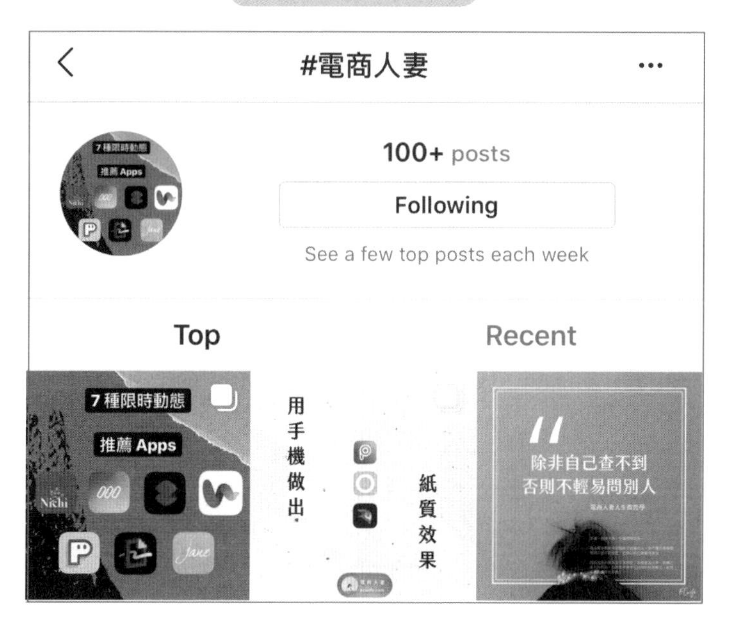

這個關鍵字，那麼，當有媒體報導或部落客分享使用文章，相關社群重要貼文使用了「唇釉」的關鍵字，系統便會按照你設定的推送量和時間，把這些資料一次整理給你。

快訊的功能優勢在於——「即時性」非常足夠，所以當市場上有相似的品牌出現時，或是有爆紅的相關話題被討論時，就能第一手收到這些關鍵的資料，透過這些資料便能找到可當作觀察的競爭品牌。

▪透過社群與論壇尋找競爭品牌

除了上述的兩種方式，可用關鍵字讓系統整理大量的資料給我們，我們也能從社群聚集地、受眾聚集地，透過搜尋引擎關鍵字搭配社群名稱的方式，查看目前這個領域的討論熱度與主要產品的話題性。

台灣使用率較高的社群除了Facebook的社團外，臺大批踢踢實業坊（PTT）和Dcard也是最多受眾討論話題的聚集之處。以美妝產品「唇釉」這個例子來說，我們可以用這個產品加討論區名稱的方式，在搜尋引擎找尋話題文章。例如，「唇釉 批踢踢」、「唇釉 PTT」或是「唇釉 Dcard」等，以此類推，搜尋引擎會配對出這樣的相關匹配內容，就能查閱這些內容是否是自己需要的資料。

✦人妻圈粉心法

Dcard的討論文章，經常幫我找到我從未注意過的超強冷門品牌和年輕品牌，可以多多查閱喔！

如何解析競品數據監測？

找到想要觀察的競爭品牌和對象後，便可以開始從競爭品牌上觀察內容和受眾的樣貌。比較我方和這些品牌的優勢、劣勢及各種數據的對照，很多人會透過競品分析工具查看對方的追蹤演進、貼文表現數據等。Instagram可以使用engaged.ai這套軟體去做進階的競品監測，透過設定幾組想要觀察品牌的Instagram帳號，可以找到想查看的日期期間，對方在粉絲成長和成效表現最好的貼文有哪些。

除了透過串接Facebook API的第三方工具，還有哪些方法可以了解我方和想要觀察的競爭品牌，並且使用我們觀察的結果套用在粉絲經營上呢？

由於在社群平台上，非常多洞察報告的數字是僅限品牌擁有者才能觀看（觸及數、點擊數等）。所以，除了使用有串接官方提供數據的平台外，能觀察的數字是有限的，不過像Facebook、Instagram、Twitter等，還是有很多公開的數字可以觀察出大概的蛛絲馬跡。

▪影片觀看的數字

雖然影片觀看不能代表觸及數，但目前Facebook、Instagram、Twitter，都會顯示觀看數字，這個觀看數字在各家社群平台上，大約都是取有持續觀看3～5秒才計算，所以透過這個數字，我們能進一步了解競爭對手的內容是否吸引人關注、有多少人因為對方的影片而投入觀看。

▪Facebook貼文分享數字

Facebook的貼文會顯示多少次分享，如同Twitter的貼文也會顯示有多少人轉推。點入觀看數字，可以查看有多少人「公開」分享了該貼文，如果分享的人數多，也能大約觀察出競品的該則貼文吸引人之處及互動手法。

▪粉絲互動觀察

粉絲互動觀察是一個需要花較多時間培養和分析的過程，這當中我們可以觀察競爭品牌的社群貼文留言，留言的內容為何？是消費者分享給友人還是針對貼文內容提出回饋？或是更進階的互動分享？例如，購買回饋照片等，實際查看受眾對該品牌的反應程度和支持度，能觀察出競品是否有培養出鐵粉生態或熱議程度。

社群平台功能是不斷在演進的，近年最多的社群平台熱議話題，便是「按讚數到底要不要隱藏」這件事。目前Instagram已有開始執行測試過，但若在平台還未決策是否要隱藏按讚數量的時候，我們仍可以點開按讚人數的列表，看看有哪些人按過競品貼文的讚，也可以觀察大概按讚的都是哪些族群。

■ Google Trend趨勢分析

Google Trend除了可以觀察所在區域最近熱門搜尋的關鍵字、年度搜尋排行榜之外，也可以作為品牌關鍵字和競爭對手的「搜尋熱度趨勢變化比較」。在主頁打上自己的品牌名稱後，會出現地區、時段、Google網頁搜尋、圖片新聞及購物搜尋的結果分析。在分析結果的欄位，能加上數個競爭對手品牌名稱，進行不同的關鍵字比較分析，也能按照地區的子區域（例如，台灣各縣市）進階比較。

最特別的是，有「YouTube」搜尋結果分析的部分。所以如果是影音創作者YouTuber，可以多使用這個功能做趨勢比較，看看自己和競爭對手過去這段期間個別的搜尋趨勢。如果想了解更多這部分的關鍵字趨勢，在搜尋結果中也會列出相關主題和相關搜尋的資料，十分方便。

Lesson 9

知己知彼百戰百勝

了解社群風向，提升對競品的觀察敏銳度

不論是經營電商品牌還是個人自媒體，我都有設定蠻多觀察的競爭品牌，也時常在各大社群、社團、討論區找尋類似的產品，試圖推敲出這些品牌的銷售量和貨品來源。從前的我，對這些競爭對手的銷量或討論度都非常的在意，例如，蝦皮會顯示這個賣場的某些產品銷售量，我就會去找來看，一直關注對方。

創業這幾年，對於競爭品牌是否有超越自己的銷售量，或其他自媒體創作者是否有搶在我之前發表某些創作或議題討論等，已漸漸沒有初期這麼執著；

也意識到只有改變自己的經營方式，找到最適合自己的方式培養行銷力，才是最健康的作法。

雖然到現在我對「競爭」這件事本身看得比以前更淡，但當初執著的性格，也培養出對產品、議題風向的敏銳度，可以更快判斷某些品牌的商品來源，或其他創作者的內容思維及經驗成熟度。例如，看到一張商品照片，就能判斷這個品牌對商品品質下了哪些功夫？消費者對這樣的產品訊息，是不是有相當程度的購買衝動或反應。

突破視野的產業觀察

直到後來，內容行銷的意識抬頭，眾多品牌開始發覺內容對商品的轉換力有一定程度的影響後，經常可以看到許多品牌對行銷這件事產生了新的思維。什麼樣的內容，在社群上可以讓品牌造成病毒式傳播？哪些手法可以掀起民眾的討論度，間接帶起品牌知名度？我開始納入其他產業作為觀察對象，發現觀察其他產業的行銷方式或社群經營模式，也可套用在完全不同的商品性質中。

例如，這幾年很流行的迷因（meme、或作梗圖）式行銷，各種零售業幾乎都可以搭上這樣的行銷手法、借勢話題，提高受眾的共鳴度，做出更有趣味的圖文。開始做不同產業的行銷策略分析後，加強了面對不同的情境甚至社會局勢，都能快速判斷自身品牌是否可以發展特定策略的能力，也就是社群力的敏銳度更向上提升了。

✦人妻圈粉心法

多看看不同產品或其他產業操作社群的方式，可以激發更多的靈感和變化創作模式。

如何創造更高討論度的曝光？

你是否也常常聽到關於社群敏銳度的討論？或是在某些議題發生的當下，為何有些人總是可以快速的反應借勢行銷，創造出更多討論度和品牌曝光的方式呢？對網路生態的敏銳度，可說是一個社群人該具備的基本能力，我們想要了解受眾的喜好，就必須知道在網路上哪些話題或策略是可以執行的，哪些關鍵字說出來或發布後，可能會引起一定程度的公關危機。

然而，光是了解時事或與時事接軌，並不代表就是社群敏銳度高，更重要的是要理解所謂的「深網路生態」，也就是說，你必須是一個真正的網路生態參與者，而非僅止於觀察者的角色。

如何培養社群敏銳度

談到社群敏銳度的培養，首先你要成為深入網路生態的其中一員，很多的話題和社團都讓自己身歷其境中，才能深刻了解到各種的社群行話和生態與風向。實際學習和參與後，把觀察到及體驗到的內容結合在行銷內容中，可以更正確地用受眾的角度，快速做出適當的訊息傳遞，才不會發生新聞可能報導了哪些新潮的網路用語，結合在內容上時，卻發現完全沒有人這樣說的囧境。

▪加入社團論壇

實際加入網路的各種社團或是網路論壇是很好的方式，如果有論壇帳號，進入人數較多的版或與自己相關產業的區域，閱讀哪些是比較多人討論的話題、觀察留言群眾的言論及用語。例如，臺大批踢踢實業坊的八卦版，經常有非常多時事討論，在這樣內容中的留言是值得觀察的區域。

除了網路論壇外，在Facebook社團也是了解不同受眾和網路生態的最佳區域，像爆料公社、爆廢公社，這樣非常多人參與的平台，能快速了解目前社群對於議題討論度的風向和最新發生的事件。也可依據自身產業搜尋社團，例如，母嬰用品的品牌社群

人員，可以搜尋新手媽媽社團、人妻社團，實際了解目標族群最在意的議題是什麼。

■ YouTube社群

快速培養社群敏感度的另一種方式，就是透過YouTuber的頻道，在發布最新影片下查閱觀眾的留言與反應。目前不少「知識型」、「時事型」的創作者，會依最新時事製作影片內容，或深度探討某些產業議題，在留言的部分也有非常多的參考評論。

如同參與Facebook社團的方式，在眾多頻道中也可以找到類似自己產業的創作者，參考他們的討論話題或最新的趨勢。例如，服飾品牌可以找穿搭型或美妝YouTuber作為參考。

■ **行銷型社團群組**

目前在Facebook或其他行銷型網路社團、國內外論壇，凡是討論行銷、社群、廣告公關、文案等，經常看到案例的討論和分析，不論是優秀的案例還是失敗的廣告，都是培養個人敏感度的最佳素材。

我們可以從好的案例中學習如何操作，將壞的案例當作借鏡。未來若遇到相同的工作任務或公關危機，都能快速從過往看到的案例中，做出應對處理。社群敏感度除了要能了解何種操作可能帶來不錯的受眾反應，也要懂得如何避免會產生爭議或反感的行銷手法。

✦人妻圈粉心法

在參考這些案例時，若能實際參與留言及互動，對學習體驗的效果能更加深印象。

Lesson 10

流量大小代表著數字成效

商業品牌若操作得當，流量自然轉換收益

流量意識，又是另一種在擬定行銷策略時該具備的能力之一。簡單來說，流量代表的就是「數字成效」，這些流量的大小能決定商業品牌的行銷成效，操作得當的話，也能為品牌帶來相當程度的收益。

流量通常會是哪些數字呢？舉例來說，部落客發了一篇文，在一定的時間內閱讀數字；Youtuber發了一部新的影片，有多少次的觀看次數；電商品牌的商品頁面 Landing page透過廣告投放，有多少人點擊後進入網站觀看……等，這些都是流量的幾種數字。而流量意識對於社群人、行銷人來說，就是在內容

發布前，是不是能先意識到創作出哪些內容、如何操作，能帶來多大的流量給品牌。我們也經常聽到「流量就是錢」的說法，要如何提高流量並養成這樣的意識，替品牌帶來轉換率收益，是目前眾多創作者和行銷人員的首要目標。

我身邊有許多KOL朋友或品牌經營者，在社群上經營自己的品牌帳號或個人自媒體多年後，通常大家多少會培養出對流量的個人認知。也就是「我今天發什麼內容會有很多人看」、「我的照片要怎麼拍才會吸引大家的興趣」、「我的廣告影片要怎麼投才會吸引大家點閱」等。流量意識是需要經過經驗累積的能力，除此之外，也要對社群環境及大環境變化有深刻的認識，才能做出判斷。

不僅是對社群環境深入了解，同時也要了解目標族群對素材、內容的喜好。受眾的口味隨時在改變，過去我們認為可能會深受大家喜愛的內容，經過多年的影音變化和社群演進，舊有的模式可能就不再得寵，而且受眾可能膩得越來越快。流量意識絕對與社群敏感度相輔相成，對環境變化和受眾口味都能銜接並且運用得當，流量意識才會相對提高。

洞悉產業分析報告，精準掌握流量變化

每年國外的數據分析平台如SocialBakers、HubSpot……等，幾乎都會與大型的線上雜誌或是社群網路新聞媒體合作，產出關於當年度或前年度的社群媒體分析報告，你可以利用「社群平台＋年度」的關鍵字，搜尋相關的最新資料報告（通常是英文資料）。

其中針對使用者報告的數據也非常多，我們可以透過這些年度報告的數據提供，觀察出受眾對產業的接受度以及喜好變化，如：SocialBakers的二〇一九年報告就曾分析出，受眾對美妝以及時尚品牌的Instagram帳號互動率越來越低，反而對無產品的服務品牌、公益品牌等，互動度越來越高，顯示受眾在這一年對產業的喜好與口味正在改變。讀到像這樣的資料時，就可以搭配自

己對社群環境的觀察，判斷受眾可能會開始對哪些內容或素材越來越喜愛。

為什麼這麼多創作者或公眾人物，對「流量」這件事能掌握得行雲流水，今天想要這篇貼文爆他就爆，明天想要上新聞就能上新聞？很多公眾人物多少都有培養行銷幕僚團隊，團隊中的成員必須熟悉該如何安排博得版面的機會或動作。沒有培養團隊的其他人，除了以個人經驗評估外，也能透過素材的測試觀察出流量的變化。

不同的素材和版位測試是基本的能力培養，此外，也可利用網址分析的方式來觀察素材和流量的影響。很多人會使用「短網址數據」來查看不同的素材配上連結分析流量數據，較常見的Bitly短網址、PicSee……等，都可以查看點閱和時間的流量，近年則較多人使用Lihi短網址，做更全面的流量分析。

✦人妻圈粉心法

掌握流量對品牌或自媒體的收益，都有機會大幅增加！

大分潤時代——流量帶來的收益

大家口中的「流量大小就是錢的數量」，到底代表什麼意思？為什麼這麼多品牌甚至創作者在觸及率之後，第二個不斷提及和重視的就是流量大小？前面我們提到流量的數據來源，影響了創作者的內容點閱，甚至是電商品牌的網站點閱，這些數據量能影響的不僅是帳面上的收入，實際上還在網路社群運作當中，扮演更重要的角色——曝光度。

流量增加意味著曝光度也會大幅增加，對於內容創作者來說，如果創作的內容能導入非常多的流量進指定的平台（網站、商品頁、影音頁面），那麼，這些數據或每次的觀看，不僅能搭上各社群平台演算法的優勢，還能觸及到更多的潛在粉絲，且更可以提供給商業合作廠商，當作個人轉換力的證明。例如，創作者A每次推薦的商品都能帶來平均一萬的點擊率至合作廠商的官網，而這些點擊數字，對未來有意願合作的廠商可能就是想要合作的依據。

除了這些明顯可見的收益之外，自媒體或品牌網站有一定程度的流量，能在搜尋引擎的SEO排名有較好的位置，當一定時間內的流量程度足夠的話，外部的搜尋引擎就能讓品牌呈現更好的曝光度。

我們都曉得YouTuber可以透過頻道影片的觀看，來獲取廣告分潤（需有一定訂閱量和觀看時數）。目前，很多的社群平台也在研擬要讓更多的創作者得到廣告的分潤（例如，Instagram一直在談論讓創作者開始在IGTV得到廣告分潤），藉此刺激使用量和平台黏著度，這些都是與流量息息相關的變現模式。除此之外，也有非常多的分潤法，在社群平台上流通，例如，品牌合作分潤的模式，便是以流量帶來的轉換數字，讓創作者或自媒體分潤收益金額。

✦人妻圈粉心法

提高自媒體網站的流量，能讓搜尋引擎上的排名往前，就能讓品牌曝光度大幅提升喔！

Chapter 3

和粉絲談場戀愛吧！

社群平台最重視人與人之間的互動，
找出最適合品牌的互動模式，
和粉絲一起過生活！

Lesson 11

找到品牌的潛在受眾

深入理解演算法變化，和粉絲一起生活

對社群經營來說，將內容呈現給對的人看，並且重複提供優質的資訊傳遞循環，是加強社群圈培養和向外圈到更多粉絲、加強曝光的重要手法。在行銷的目標族群（Target Audience，簡稱TA）設定中，是奠定良好行銷策略的基礎，而社群平台的使用讓設定TA更加方便，但有時也可能讓網路的距離拉大品牌與受眾之間的鴻溝。

說出對的話給適合的人聽，並且找到風格意向相似的族群，是社群行銷致勝的基礎，面對這樣的網路運作，可以透過演算法、素材測試、受眾研究等各

式各樣的方式來把受眾的設定更精準化。除了設定年齡性別和受眾特徵外，深入了解受眾的生活情境，找出最適合的訊息傳遞方式，更能加強品牌好感度和品牌的回想率。

演算法對我們的幫助

演算法影響了我們的訊息接收模式，以Facebook和Instagram來說，從最一開始的貼文會按照發布時間出現在塗鴉牆上，演變成現在依個人喜好、最常觀看的內容或品牌、最常互動的對象這些貼文會優先展示，甚至會推薦各種用戶可能喜歡的發燒話題、熱門影片等，替品牌觸及對他們內容也有興趣的潛在用戶。而Twitter的部分，內容排序仍然依照用戶追蹤的對象、發布貼文時間順序展示於動態上。

除了一般貼文接收訊息，目前社群使用者喜愛的Instagram限時動態雖然以用戶隨選模式觀看，但限時動態的排序、出現時間，也依然由演算法影響使用者的內容觸及率。

演算法決定了社群經營指標及觸及率

在決定呈現於社群平台的內容前，了解演算法能更快讓社群人員判斷該製作哪些素材，與行銷檔期的規劃配合。

沒有演算法優勢的內容，較難有流量機會。例如，若今日平台的觸及率是以影片觀看當作最高指標，那麼則可多考慮製作影片內容。就Facebook與Instagram來說，「互動」的權重一直以來都是最受重視的指標，對於社群人員而言，就需要想方設法製作容易引起受眾互動的素材或文案。對行銷團隊來

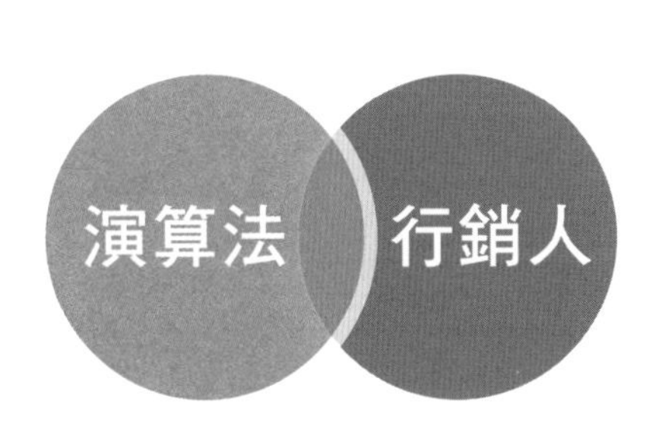

說，衡量社群行銷專案的成效好壞，KPI與績效等，也依舊與演算法緊密相關。

利用演算法在觸及率較佳的狀態貼文，絕對是聰明的社群人必備技能。在合適的時段貼文、使用目前觸及率指標較高的素材形式或多與粉絲、消費者用對的互動方式交流，都能有效提高觸及率與內容能見度。由於演算法的權重不斷在改變，很少可以用同樣的方式持續獲得好的觸及與受眾反應，必須根據當下的指標經營。以下列舉兩個操作範例：

■ **案例一：**

二〇一九年，Facebook社團觸及率較粉絲團佳，相當多電商品牌甚至YouTuber等，會以粉絲團的名義開啟社團功能，與粉絲做深入的互動交流，這段期間新創立的社團數量相當多，使用者幾乎會在收到粉絲團資訊前先看到社團訊息，電商品牌也多以社團作為經營熟客、ＶＩＰ客戶或吸引消費者回購。

▪ **案例二：**

二〇二〇年，Instagram的直播功能觸及率高，在品牌或ＫＯＬ進行直播時，即便不是很常觀看的粉絲也可以在當下收到通知。直播圖示會顯示於限時動態排行的最前端，且為了推廣直播功能，平台也推出了許多直播當下可使用的小工具。例如，問與答貼紙功能和開放更多直播濾鏡供使用，有助個人品牌經營者拉近與粉絲間的距離及加強互動率，培養鐵粉圈。

✦人妻圈粉心法

圈粉之前先搞懂演算法，在合適的時間貼文、觸及對的粉絲，才能事半功倍！

時程分析是理解粉絲的最快捷徑

在網路上做受眾研究時隔著螢幕分析，難免忽略了許多要素，或是無法深刻理解受眾的感受、無法突破觀點……等，唯有深刻體驗不同受眾的生活情境，才有機會做出打動受眾的社群行銷內容，說出粉絲的心聲、提高生活共鳴與品牌好感度。在深入研究受眾時，有多種方式可以快速讓社群人員更靠近目標族群、理解消費者行為，才有機會提高和粉絲之間的感情共識。

當我們設定了自己品牌的目標族群後，針對這個族群深入了解其消費行為、社群平台使用習慣、是否有常用話語可以做結合、經常遇到的生活情境，透過這些獲得的資訊，設計出更符合受眾習慣的訊息接收模式，減低資訊落差、縮短受眾考慮購買或按下追蹤的時間。

首先，可依品牌規模或目標族群規模，設定欲觀察的目標族群對象約10～20位（依品牌需求可斟酌擴大觀察對象數量，如50～100、100～200+，調查形式不限），實際調查這些對象，平均來說，一天的行程是如何度過、哪些時段

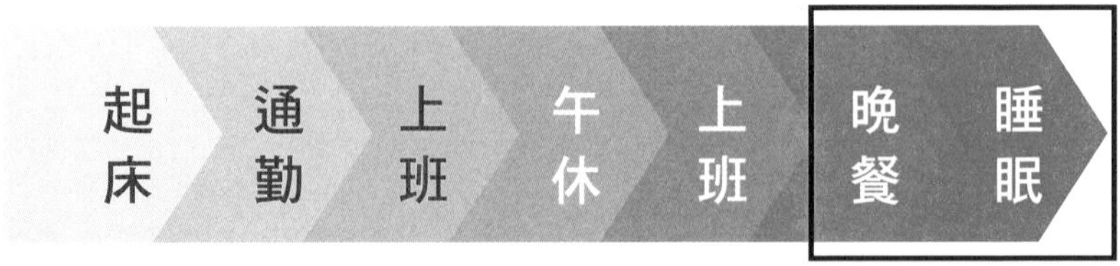

有個人時間可以滑手機

是他可以享有自己的私人空間、哪些時段又是他生活當中最重要或苦惱的時刻、個人短期與長期的目標是什麼……等，然後依照調查內容做一個時程圖記錄的總觀察。

時程分析的作用與主要目的，並非只是找出受眾之間是否有相同的生活模式、哪些生活情境可能相同，而是在每個研究對象的生活情境之間，找出可以運用在社群行銷上的切入點。假設保養品牌的目標族群設定為職業家長，這個觀察對象除了張羅家庭大小事、家人的午飯晚飯，在工作繁忙之餘，還要抽出時間處理家務，完全沒有自己的時間或空間愛護肌膚。那麼，就可以針對以上這些問題點設計行銷素材或廣告詞，例如：「使用○○精華露一滴，就可滿足十小時的保養。」以此類推。

✦人妻圈粉心法

了解市場最重要的就是了解「人」。加強時程研究，了解目標粉絲們的生活模式及何時有空滑手機，是社群行銷的要點！

觀察粉絲如何在社群上過生活

收集了不同的受眾生活時程資料後，可以做第二種深入研究受眾的方式——受眾的行為觀察分析。網路上的互動，其實有非常多好的「教材」讓我們做各式各樣的人類行為觀察，尤其是在社群平台上，目標族群喜歡用哪些方式在社群上「生活」，可以發掘到蠻多現象都是十分獨特有趣的。接著列舉幾種值得觀察的網路生態與受眾行為聚集的地方：

▪直播主的留言區

「刷一波留言！」在App直播主或社群平台直播拍賣上，這兩種直播平台都可以觀察到不同的粉絲反應。不管是唱歌的直播主還是直播拍賣海鮮的店家，除了看到不同樣貌的消費族群，也能察覺在什麼情況下、情感渲染力下，消費者容易做出「+1」的購買行為。

▪論壇裡的討論主題

各種社團、分類論壇，也是最能觀察到受眾消費行為的平台。例如，美妝品牌可以觀察美妝的論壇、美妝品的開箱分享、評測等。分類社團如「媽媽社團」、「機車騎士社團」也都是可以觀察情感如何影響生活消費的地方。

▪網路商城的評價回饋區

電商平台或網購商城，若有提供評價與評星制度，最適合當作受眾行為研究的，就是文字回饋和圖片回饋。透過消費者提供的購買後回饋，能實際了解消費者對商品或包裝、售後的喜好程度和接受度。而圖片回饋中，照片的細節也可當作觀察的要點之一。例如，消費者開箱的模式是什麼？會從哪些地方開箱？這些動作的改良是否能再次加強在自己的品牌中。

✦人妻圈粉心法

展現好的開箱體驗，讓粉絲更有實際參與感，也是圈粉的重要因素之一。

Lesson 12

與粉絲的感情需要長期培養

互相交流、建立信任感，有效讓品牌不斷擴大

找到正確的目標族群和了解他們的行為之後，就要開始正式經營品牌和粉絲之間的「感情」。所謂的社群平台，最重要的就是人與人之間的互動來往，陌生人之間認識需要經過時間觀察和交流，才會逐漸建立起信任感，在社群上品牌或自媒體面對受眾之間亦然。

在電商銷售的時候，可以用商品頁面Landing Page的內容設計使消費者信服並購買，單次的說服過程也許能在短時間衝高這期間的銷售額，但就長期品牌經營來說，情感的設定和互動交流，才是品牌能長久走下去的關鍵之一。

正確幫粉絲分類貼標

在初期建立品牌的時候，其實是幫品牌與鐵粉培養關係很重要的關鍵期，目前的電商品牌、零售業者都在強調「顧客關係管理」，社群上的顧客關係管理，決定了消費者是否能持續回訪，或產生自主口碑的效應。品牌創立初期，做粉絲分類相對容易，若是經營一段時間才回過頭來處理這部分，可能就需要花比較多力氣來分類過去互動過的受眾。

電商品牌也許可以透過會員制度來建立顧客關係管理的模式，但若是沒有會員制度、也無法收集粉絲資訊的部分自媒體經營者或品牌，該如何管理自己和受眾之間的關係與聯繫呢？

▪ Facebook內建標籤系統

在Facebook粉絲專頁的收件匣區，有來自消費者或粉絲的私訊內容，從這裡可以替每個互動過的對象，打上自訂的客製化標籤（僅品牌擁有者看得到標籤分類）。透過建立不同的標籤，可以將互動過的對象加以分類，例如，有購買過的消費者、鐵粉、問題待解決的粉絲、已解決提問的對象，或按照個人特徵和職業，加強印象。

點入這些自訂的標籤後，會把所有過去相似的受眾分類為一組，這些對象都有共同的特徵，在有類似題材或相關產品的時候，就可以透過訊息推送給對方。目前也有很多品牌使用Chatbot去做粉絲分類的串接運用，對分類族群再行銷或有效降低行銷預算，都有相當程度的效益。

Labels Manage Labels

Add Label

Suggested Labels

New Custommer

Important

Today's Date(6/15)

除了降低行銷可能投放到無用對象的情形，幫受眾做不同的分類，也是培養感情和提高品牌形象的方法之一。若每天都會收到非常多的訊息，已經記不得哪個受眾誰是誰，經過標籤的設定和過去的聊天記錄，也可快速銜接和喚醒與此人的互動記憶，更能讓品牌團隊面對粉絲的時候不要有聊天的落差感。

▪自媒體訂閱電子報

線上很多的自媒體經營者，如職涯發展、專業領域培養、知識或時事型創作者，通常不會針對每一個受眾做消費記錄或會員系統（多數時候沒有銷售的過程）。但可以分配部分的內容，來建立訂閱制的電子報模式。例如，輸入Email可觀看深度產業分析報告、懶人包、冷知識大全等，收集Email列表作為管理受眾的方法。

▪通訊軟體的官方帳號

品牌配上通訊軟體的官方帳號推送優惠或促銷內容，是這幾年加強行銷的模式之一。從Line@到突然興起的Telegram，不同的通訊軟體App運用，都是分眾行銷和重新分配行銷預算的方法。透過讓受眾加入通訊軟體的頻道，不僅可以多一個內容發布曝光的管道，也能針對粉絲需求做不同的頻道分類管理、查看數據等。

其中Telegram*的台灣用戶比例雖然不及LINE多，不過，建立頻道提供訂閱是免費的功能，且內建頻道訂閱成長資料、粉絲地區比例、基本互動資料等，還可查閱近期推送的訊息內容觀看比例，對預算有限的品牌來說非常值得使用。

✦人妻圈粉心法

建立不同的通訊軟體頻道，也是降低單一平台風險的方式之一！

熟客經營與鐵粉經濟

為什麼在社群上一定要培養熟客或鐵粉？最近Facebook也推出了「頭號粉絲」的標章，這個用意對提升品牌曝光真的有效益嗎？對零售業來說，熟客和

＊註：Telegram是一款跨平台的即時通訊軟體。

鐵粉最大的特色可能是消費次數較為頻繁；但對社群來說，這樣的受眾特性更有機會帶來更龐大的社群潛力。

社群上的熟客和鐵粉，都是另一種不同樣貌的「品牌代言人」，這些受眾的存在，比品牌找網紅或公眾人物代言，更多了對品牌的喜愛和傳播行動力。商業品牌會針對購物次數或累計金額為消費者設立VIP、VVIP制度，而在社群上，這些受眾也有機會提供更多的體驗回饋和口碑作用。

▪最熟悉的陌生人

即便鐵粉沒有見過品牌主或自媒體的KOL本人，卻能因為彼此長期在社群上互動，培養出對主題的共同默契，讓雙方能用共同社群語言交流。例如，美妝KOL的鐵粉，可能會記得他過去推薦過的產品、KOL本身的特殊喜好、特殊風格或口頭禪等。也有不少鐵粉會擔任起「小隊長」的概念，主動提供給KOL一些相關產業的資訊，在社群上建立起雙向的互動關係。

Lesson 13

如何快速培養鐵粉

主動發起討論議題、不斷與粉絲對話

透過不同的社群平台功能，讓現在互動的方式更為便利。當品牌社群吸引到一定量的粉絲後，就可以開始著手鐵粉培養策略。加強受眾好感度的方式非常多，最基礎的還是加強互動和溝通。以下列舉幾種培養鐵粉的破冰作法：

設定培養策略

先設定一個培養鐵粉的目標，再以這個目標進行各種能達成目標的策略。

例如，目標是希望粉絲能記住我的版面風格，那麼要讓粉絲記住風格之前，先決定什麼樣的設計最能代表自己。決定了風格之後，可以在社群頭像放上版面風格的元素、封面圖片、貼文、限時動態都使用同樣的版型，也可直接發布設計理念、小故事，加強粉絲對這個版型的印象。

目前社群平台針對訊息交流的功能，一直不斷地做各種使用者體驗最佳化的設計，顯示「訊息交流」在社群上占有一定的重要性。而品牌和受眾之間溝通最直覺的方式就是訊息往來，在受眾主動私訊的過程中，多花一點時間了解對方及對方對於某些話題的看法，以訊息交流的方式培養共鳴感。

實際上，回覆粉絲訊息是抓住受眾的心最好的方式，能讓被回覆的受眾有受到重視和被看見的感覺。回覆需求能增加更多的互動和後續持續觀看品牌內容的機會。

發問互動、主動索取粉絲看法

在社群上建立的品牌，通常都是有某些領域的專門主題性，針對這些主題發出討論，和受眾之間一起對相關議題增加互動機會。例如，法律相關的自媒體，可以針對某些法規來和受眾討論，結合時事或新聞內容，詢問受眾對該議題的看法、發起小投票的活動等，讓受眾可以藉此機會表達自身意見，也能加深互動者對自己的印象。

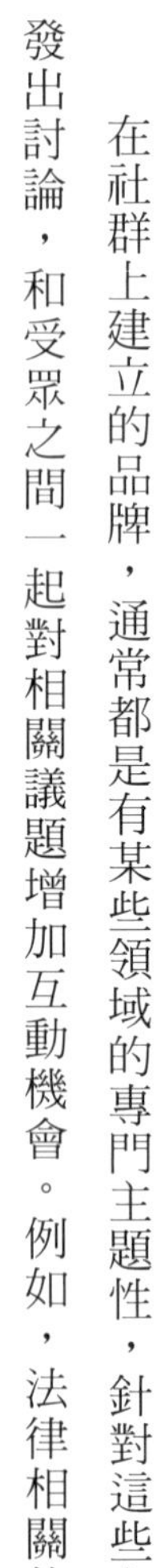

當品牌今天在社群上發布內容後，針對貼文的內容來詢問受眾的看法，並以這些回饋當作交流機會和加強互動的方式。受眾提供品牌回饋的意願其實都蠻高的，也能讓對方產生「原來，我也可以發揮影響力或幫

助。」的作用。索取回饋的同時，也可向對方授權公布回饋的意願（例如，可以借我們轉貼你的看法嗎？），加深其他潛在粉絲想要互動的機會。

與粉絲一起生活、成長

持續提供粉絲想看的內容和有興趣好玩的內容，是讓受眾不斷回訪的關鍵之一。如何能達成這樣的內容提供模式，除了分析自己過去表現比較好的內容創作是哪些以外，實際深入粉絲的生活，了解在這麼多不同的生活環境中，有哪些是我們可以參考的靈感來源，同時也能和受眾一起成長，接續不同的社群變化。

讓品牌和自媒體創作者與粉絲之間，培養共同的生活情感，除了可以加深彼此間的默契、發展inside joke（雙方才知道的小趣事、小幽默）外，也是向外曝光圈粉的機會。自媒體創作者、KOL、網紅的身分可以自帶流量，粉絲之間也有機會帶來可觀的流量。根據口語傳播或社群傳播的特性，一個好的品牌很容易在網路上廣為流傳，達到口碑效應的產生。

打破錯誤的目標族群設定

為了實現讓傳播效果最大化這個目標，正確設定目標族群並歸類，是成功經營社群的要件。一般來說，過去設定TA的對象可能會用年齡、性別、職業特性或生活特性去將受眾劃分，不過在社群上，為了能和內容創作相互輔助，進一步釐清受眾的「生活情感」，能幫助行銷人員創作出打中人心的內容。

例如，美妝品牌在尋找目標族群的設定，過去可能會列為25～35歲的小資族女性；實際增加生活情感當作設定條件後，可能調整為：需要透過美妝提神、改善生活社交關係、加強生活氣氛或桃花，或本身就是美妝愛好者、美妝品收集者。若是母嬰用品的目標族群設定，過去可能會列為40歲以下的新手爸

需要透過美妝提神、改善生活社交關係、加強生活氣氛或桃花的人

將受眾生活可能會遇到的情境、最需要得到的幫助、最能增加生活滿意度之事，當作設定目標族群的條件。

媽；增加情感條件修正後，可能調整為：剛成立家庭又須兼顧工作的新手爸媽、不知如何正確育嬰，或是沒時間搞懂坐月子過程的媽媽，或不知道新生兒需要哪些營養補充的人。

國際上有許多跨國品牌，以生活情感當作設定目標族群、或品牌情感連結的內容作為行銷手法；也就是說，實際從情感面下手之後，會發現能更精準替品牌篩選出可能會消費的族群、可能喜歡內容的潛在粉絲，可避免花時間往錯誤的方向或投入過多錯誤的預算。

✦人妻圈粉心法

透過深入的生活情境分析，可以做出粉絲更想看的內容。

成為一個肯對話的人

社群平台的互動頻率影響了演算法對品牌、自媒體曝光和觸及的機會，我們可以想成是：「官方設定是為了鼓勵有長期頻繁互動的人，給他比較高的觸及率和曝光度」這樣的思考模式。除了讓互動率拉高觸及率，可以降低廣告預算的成本外，是不是一個肯和粉絲對話、參考受眾建議的品牌，往往被當作是否「親民」的指標。

Facebook粉絲專頁的訊息回覆和蝦皮銷售等，有回覆率高低的指標呈現，這個官方的設定，是當一個品牌可以快速回覆消費者訊息時，會顯示在品牌回覆率的數字上，消費者可以依照這個數字決定要不要發問，或當作參考發問後，可能要等多久才會收到回覆的時間。

是不是在網路上就一定要時時刻刻盯著螢幕，不能錯過粉絲的訊息、一定要及時回覆呢？對商業品牌的客服人員來說，可能有即時回覆的服務需求，但在經營社群時，若把「幾分鐘內一定要回」、「要回到多詳細」當作是不是一個成功社群人的判定，那就失去經營社群的趣味性了。

■ **肯對話的意義**

社群環境是雙向傳播的溝通平台，與過去我們從電視單向接收訊息的模式不同。經營品牌和「對話」，不僅可以透過訊息功能實際與受眾互動，在內容的呈現上也能多設計出「讓受眾想要主動聯繫」的作用，刺激互動或先表達出想要互動的感覺，打破和粉絲之間的距離，主動接觸與破冰。例如，設計出互動遊戲（賓果等）、以詢問的方式做文案結尾、提供互動的優惠等。

■ **對話互動的好處**

設計不同的素材、不同的互動引導技巧，透過社群經營實際和受眾做交流，可增加這些成效：

◎ 增加未來發文觸及曝光度

◎ 增加品牌好感度

◎讓受眾有機會深入認識品牌，進而提高品牌回想率
◎得到受眾回饋與建議修正經營方向
◎增加鞏固社群圈的機會並向外圈粉

✦人妻圈粉心法

與粉絲對話，不論是回覆留言或私訊，對觸及率都有很大影響。深入認識受眾，也是加強了解市場變化的絕佳機會！

Lesson 14

建立品牌風格與影響力

展現個人氣質與理念，產生強大帶客力

在社群平台上，我們常常看到某些網紅，可能外表不是特別出眾，也非領域上的專精者，但他的影響力就是特別強。像是有些人不管是賣口紅還是斧頭，當他拿在手上開始介紹，就會莫名的生火讓人想購入。曾經有位YouTuber前輩告訴我，這就是「觀眾緣」。他說觀眾緣是一種與生俱來的特質，就像小時候班上總有同學走到哪都可以成為人氣王，在網路上的觀眾緣概念也類似這樣。

也許「觀眾緣」是一種天生俱來、很難學習的特質，但是當我們在社群上有吸引受眾的需求，需要展現個人魅力來發揮影響力，並推廣自媒體、個人品牌內容時，又該如何培養這樣的特質呢？

在社群上發揮影響力進而產生導購力

不管是在過去的部落格經營，到現在社群平台的操作，個人品牌的概念一直不斷在演進與發展。有在某些領域特別深究且具有影響力的關鍵意見領袖（Key Opinion Leader，KOL），也有能凝聚人氣與關注力的網路紅人們，不論是團體還是個人，在社群上都擁有一定程度的號召力，而這樣的特質是很多自媒體經營者期待能達到的效果。也許「觀眾緣」無法直接學習，但仍可以透過不同的方式培養，而多數人經營個人品牌的其中一個目的，就是希望可以透過自己的平台發揮創作，並獲得收益。

▪微網紅導購力更強

自從Facebook和Instagram的多元經營模式開始發展後，在社群平台上更出現了不少「微網紅」，這些微型網紅的人氣可能不及網路的知名人士，累計的追蹤數也可能僅有2～5萬，但在這些微網紅之中，創造的導購力卻有機會大過公眾人物。為什麼會有這樣的現象？微網紅的形象在網路上比公眾人物更貼近一般大眾，他們可能就像你我身邊的朋友一樣，過著類似的生活、處在差不多的生活情境，只是這個朋友的人氣非常高。

微網紅的出現，在社群上代表的是個人品牌「風格展現」的影響力發揮了作用，這些風格展現，代表的並不是他很時尚或是很有質感、才華，而是這個人的氣質和理念、處事態度與做事方法能讓人認同。因此，若希望自己能在社群上發揮影響力，並不代表你可能需要長得非常好看。

▪信賴度的建立

要讓自己的品牌能夠發揮影響力或加強導購，首先，在品牌和粉絲之間建立信賴度是加速成效的方式之一。有幾種簡單的方式可以快速建立信賴度，你可運用以下幾種素材融合在其中：

◎商品生產的過程公開透明
◎日常生活的真實記錄
◎形象反差的私底下畫面
◎未經修飾的真實樣貌
◎品牌故事與真實歷程

人們都期待疑問能得到解答，也希望購買後的東西能更符合期望，所以建立信賴度能大幅提升受眾之間對品牌的好感，真實感的素材更能打破網路帶來的距離感。當信賴度加強後，個人品牌或商業品牌的轉換能力就有機會增加。無論是什麼產品或素材，自己使用過或真實體驗後才能發出，已經是現代社群環境的必備條件。

「一個生活和環境跟自己差不多的人，如果用了〇〇產品也能得到不錯的效果，那麼，自己一定也有機會！」基於這樣的心理狀態，「親身經歷」的說服力大過精美的形象照片或模特兒展現，這就是網紅帶客力強大的原因。

✦人妻圈粉心法

可以問問自己平常覺得誰勸敗你最會買單，來多多觀察他的個人特質吧！

掌握話語權，能讓品牌走在最前端

近年來，突然開始強調的「話語權」到底在社群上代表什麼意義呢？為什麼有這麼多人要爭奪話語權，跟盡力打造自己能夠掌握話語權的形象呢？

「某某ＫＯＬ說：社群平台上的流量紅利已消失！然後人們開始緊張自己

的生意要開始變難做，紛紛尋找第二個可以把行銷最大化的方式。」以上這個案例，就是在產業中或社群上擁有話語權的展現，在網路上說出的話或對事物的表態，會影響產業的運作或部分受眾的情緒。有人說，掌握了話語權就能控制經濟環境的運作，代表擁有話語權不但能影響受眾，還可能影響部分的社會環境狀態。

這樣的影響力不但能讓自己走在產業的最前端，也能讓受眾在「想知道某個領域的新知或趨勢時，第一個聯想到的就是你」這樣的效果產生。話語權是意見領袖發揮影響力的程度與象徵，也是能替意見領袖帶來流量、收益或增加粉絲的機會。而在目前的社群經營紅海市場，該如何才能擁有這樣的能力呢？

▪專精品牌再擴大經營

先試著想看看，目前經營的產品或是主題，是否已經很多人從事這塊了呢？如果很多人都在做了，不代表自己沒有機會，而是我們該如何把這個主題做得更專精，並找出自己最擅長或有機會下手的利基點。

例如，很多人都在銷售家飾品，正好你的品牌也是相同產業，從眾多家飾品中選擇一種你們品牌花最多心力、或是最了解的品項，設立專賣區，且針對這個產品多加敘述相關知識，還有，為了此產品你做過哪些努力。專精一個非常細的部分再做擴大經營，對消費者來說，若他對該品牌有了既定印象，在生活中遇到相同情境時，便會自然而然聯想起這個品牌。

又或者，像是談論攝影的自媒體，專精在散景、景深研究，並且嘗試做出不同形式的散景呈現給受眾看，利用不同的素材或鏡頭比較散景拍出的特殊效果，未來若有讀者也想嘗試這樣的散景效果，便會直覺想到這個自媒體。

▪走在最前線、帶起風潮

如果能總是在第一時間呈現產業的最新資訊，或上架最新的款式、販售潮流最前線的產品，「搶快」這件事也能獲得不錯的流量。不斷嘗試累積這樣的流量和發布最新資訊，再加以行銷，便有機會累積更多的曝光關注度。要能總是獲取最新的資訊一定要培養自己對專業領域的認知，例如，要知道哪裡可以找到最新資訊、深入研究資料後，可以判斷哪些東西有潛力引起話題，或是知道新款式的貨品來源出現在哪、誰可能是有機會帶起風潮的人物等。

✦人妻圈粉心法

題材的再深入研究，也是迅速培養個人認知進步的大好機會！

Lesson 15

社群真實感的吸引力

誠實的店家比便宜的店家更值得信任

二〇一九年至二〇二〇年，Instagram在官方的商業部落格網站business.instagram.com上，發表了一系列幫助中小型商家經營社群的教學文章，內容大多是過去的新興品牌或是成效很好的跨國商業品牌，在Instagram上曾使用過哪些操作方式及行銷素材，得到了更好的曝光與轉換率。其中，這些文章裡不斷提到以下這幾點：

- 展現商家不過度修飾的精彩時刻
- 展示商家幕後的點點滴滴

從上述的條件中，我們可以觀察出過去規格式的內容或是專業擺拍，可能已經不足以吸引受眾的認同和觸動他的轉換動機。拍照拍得好似乎已成了基本，但是要如何拍得巧呢？

真實感能帶來更多營業轉換

面對受眾對社群上的商業口味變化，投入具真實感的素材可能不代表製作素材的成本降低，預算也不見得會比過去來的省。真實感的素材絕對不等同於廉價，而是更要拉高在呈現內容上的技巧。真實感的素材要建立在對受眾的「說服」過程，發布這些素材後，可以更加說服消費者買單，或是發布創作內容後會讓粉絲更喜愛、更相信你。

人類喜愛探討事物背後的真實性，也會對看得見的東西更加信賴。真實感同樣帶有「誠實」的成分，誠實的店家有機會比便宜的商家帶來更多的營業轉換、經營得更長久，在社群經營上的概念也相同。像這樣的素材展現，在食品業的行銷經營上隨時可看見類似的手法。例如，公開料理的過程、料理的食材，甚至有些店家的實體店內，也會看見料理的空間是以透明玻璃作隔間，讓客人可以看見自己點的餐點製作過程。

▪幕後花絮的記錄法

提到要以真實感的素材呈現給受眾，還是會讓人陷入不知所措的情境，是不是真的要隨便拍？既然要有真實感，那環境髒亂到底要不要收？要化妝嗎？……等，雖然說真實感是目前很吃香的行銷操作之一，但仍然是「有限度的真實」，並且要以「對自己品牌在行銷上有利的真實」當作呈現目標。也就是說，這樣的真實感可以透過選擇拍攝和剪輯的模式培養出來。（但絕不是仿造。）

例如，零售業者可以把外倉出貨情形以不外流重要商業資料的方式拍攝呈現，讓消費者知道哪些商品的銷售情形是熱門的，加強受眾加入購買的行列欲

望；或是包貨過程所用的包材是環保的，這些優點條件都能當作很好的題材來使用。

▪心路歷程的故事感

品牌的建立或自媒體的創作過程，一般來說，特別花費心思準備或是具備哪些豐富的經歷，這些訊息都只有公司內部的人最清楚。但是這些故事歷程，也是可以呈現給受眾的一面，甚至當作行銷的素材。例如，甜食品牌的師傅在學甜點的故事、背後經歷、可能吃過的苦，或是為了打出漂亮的奶油曾經試過上千次的練習等，這樣的故事內容都是可以告訴消費者，加深消費者對品牌的認識以及好感度。

▪小編實測的行銷手法

品牌小編的實測素材，也是近年很常看到的廣告手法之一。比起模特兒來說，小編的身分更貼近一般人的形象，小編的試用報告、實測影片，更有機會增加讓受眾信服的程度。

讓粉絲替品牌傳道

讓粉絲成為品牌的最佳代言人，意思是透過粉絲的試用報告、購買心得、實際使用或體驗的文字照片素材……等，使用這些內容拿來說服其他受眾的方式。由於評價、評星制度的興起，參考其他消費者的回饋已成為現在消費體驗中相當重要的一環。比起店家的老王賣瓜，客人的口碑讚賞行銷作用更大；又若是評星級別，以滿分五顆星來說，比起平均四顆星的消費回饋分數，四點五顆星的店家形象會更讓人願意相信並購買。

讓粉絲成為代言人的素材除了評價和評星等級之外，回饋的照片和訊息內容都可以經過詢問索取後，提供在版面上，進而影響潛在消費者或潛在粉絲做出是否要購買或追蹤的判斷。現在的受眾提供回饋的踴躍度其實比過去要來得更高，社群環境的改變也讓民眾更願意表達自己的看法，我們可以用一些方法來引導受眾做出這些動作。

▪好的鼓勵作用

當受眾主動提供回饋，適時給予好的回覆或優惠訊息時，能讓受眾得到滿足，只要持續在品牌中得到滿足，就能加深受眾不斷想回饋的欲望。我們很常看到提供試穿或試吃的回覆，同時搭配折扣的廣告詞，這就是一種希望透過誘因來獲取素材的例子。如果沒有折扣可以提供，也能設計一些小巧思回覆給受眾，例如，感謝詞、公開的讚賞……等。

公開轉貼這些粉絲的回饋，不僅是品牌二次行銷的機會，也是加強個人導購力的展現。我們經常在KOL的Instagram限時動態中，看到轉貼粉絲標註其代言的商品內容，就是一種二次說服的過程。

> **✦人妻圈粉心法**
>
> 轉貼內容之前，記得先詢問粉絲的分享意願，才不易產生糾紛喔！

Lesson 16

人味與在地化經營

增加溫度感、不過於制式化的素材是關鍵

人味在社群上到底該怎麼展現，所謂的「人味」跟「人情味」不同之處又在哪裡呢？社群上的人味代表的意思，就是在內容之中穿插一些有溫度、能刺激受眾共鳴感，或是內容的呈現不要太過死板、不要太制式化，可以增加一點讓人感受到與螢幕裡的東西有實際交流的感覺。

而在地化的題材，不但能加強素材的溫度，更有機會在特定地區加強曝光和認同感，也是讓品牌和目標族群最快說出「同一種社群語言」的方式。若是商業帳號有特定地區行銷的需求，或是有實體店鋪，除了加強在該地區廣告投

放以吸引附近居民前來光顧外，以內容共識感、地區特性來製作素材，都是在地化內容行銷常見的方式。

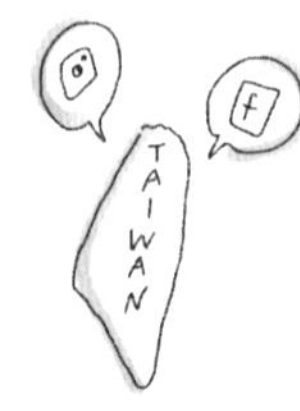

不完美的內容，更能快速打中目標族群

人不是完美的，所以充滿人味的內容就不同於漂亮的制式照片或公關稿，人味可能會帶點生活情境或「像是人的小缺點一般」呈現在內容上。如素材的內容直接點出人的缺點，再帶入商品製造氛圍，這樣的內容形式可以運用在圖片呈現或直接列在文案中，都是快速打到目標族群並帶有共鳴感的方式。例如：

「懶得每天整理髒亂的家嗎？就交給我們的掃地機器人！」

「總是想多貪吃一口？大分量的美食讓你吃到飽！」

亦可因應不同的目標族群來設定共鳴情感的內容素材，將共鳴情感建立在

「需求」上，吸引希望解決需求的受眾。

■ **滿足不同族群的需求**

將行銷中「使用與滿足」的循環模式運用在社群經營上，是讓受眾不斷回訪及加強黏著度的過程；強化受眾對品牌的黏著度，也是一種在社群平台上利用演算法優勢提高觸及的方法。若受眾經常點閱該品牌的專頁，那麼，未來品牌發布新貼文時，這些人就比較容易看到最新的內容。

若目標族群是即將面對大考的學生，便可多提供一些考前振奮精神的小撇步、考場懶人包等話題，幫助這些族群；又或者剛出社會的新鮮人，面對求職有不同的困擾，則可提供關於求職的穿搭推薦、履歷撰寫模板等各種內容，以上這些案例都是能增強共鳴話題的方式。

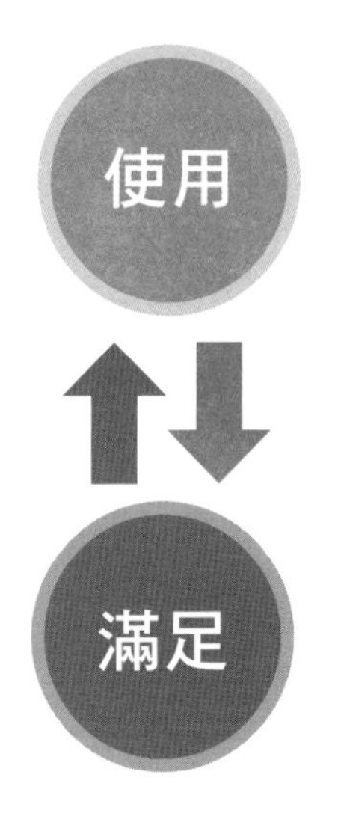

吸引在地居民的深入式行銷

想要吸引在地居民，或是加強社群經營上的互動，在地化行銷是一種很容易達成的操作手法之一。

在Facebook經營上，許多跨國品牌專頁都是以地區式差異化經營的方式，分配處理粉專的內容。也就是說，同一個品牌，台灣的行銷團隊可以發出只給台灣人看的貼文，但美國團隊雖然在同一個專頁操作，但發出的貼文只有美國地區的居民看得到。這個好用的功能雖然不是每個粉專都可以執行（需要經過官方合作開通），但針對在地化行銷仍有很多方式可以替代。

▪分店專頁

同一個品牌到底需不需要因地區不同，而開數個專頁呢？依照每個品牌的規模和目的，可以選擇同品牌、多專頁的需求。

例如，每一間分店都希望可以讓客人用打卡的方式做行銷，在建立地標這件事，就需要以粉專為主來設定打卡點會相對穩定。或是每間店特性及差異都非常大，需要針對在地做不同的行銷、由不同的團隊管理，那麼，開啟分店專頁也是在地化社群行銷的方法之一。

▪題材設計

在地化題材到底如何設計才能擊中在地居民的心呢？除了真實到當地生活體驗外，尋找在當地生活過的人或本地人訪談，幫素材打分數，甚至直接由具有這樣特性的員工來操作品牌社群都是不錯的方式。

每個地區的人都有不同的生活共識，可能是政治議題、環境議題、生活議題，這些「內部梗」只有深入體驗後，才能正確處理想要傳遞的訊息，否則會變成社群上發出去的貼文，總是搔不到癢處又無法產生成效。

在地化行銷還需要注意的是，社群內容對當地居民來說是否有用？會不會有冒犯當地居民的可能性？風土民情的差異絕對需要一併考量進去。例如，銀飾品牌可能就不會在溫泉區（像北投）開店，若是電商品牌要對溫泉區居民做銷售的話，就需要針對該地做專門的產品保護處理建議，這些都是加強品牌在地化行銷的方式。

✦人妻圈粉心法

從氣候或飲食習慣等日常的小細節著手，不論是倒垃圾、打卡、睡前刷牙等平凡小事，都是最簡單能強化在地感與人味的方法！

Chapter 4

商業互動的內容設計

從視覺呈現、文案設計到版面曝光，
靈活運用的基本法則，
快速留住粉絲目光、沉浸於品牌氛圍中。

Lesson 17

兼顧粉絲的閱讀習慣

設計一眼抓住受眾目光的品牌版面

社群經營的版面視覺，通常代表著這個品牌的獨特風格與調性，在視覺的呈現中也往往可以看出產品和主題的內容。經營社群的首要重點，是做出引人入勝的內容，來吸引受眾購買或進一步按下追蹤，視覺上的呈現是抓住受眾的第一要件。不管是使用哪一種社群平台，都有屬於自己的視覺設計所需注意的版位和設計方法，但不是設計定案就從此套用到底，社群平台視覺版位的尺寸是不斷在變動的，假設一直都未更新視覺尺寸，平台變動的時候可能就會被裁切，影響原先的呈現感。

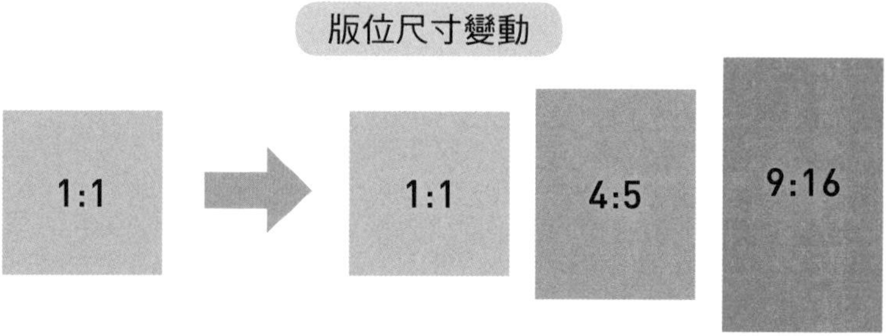

我們每天在網路上看到的資訊，遠比從前的人還要多許多，是一個資訊爆炸、滑一次手機可能就會看到二十條以上廣告內容的年代。在這樣注意力短暫、競爭者眾多的社群環境下，要如何才能讓自己的內容脫穎而出，使受眾加深印象並進而產生好感度呢？

版面形象就是你的名片

「在社群上看起來的樣子，就是你的第一張名片。」這句話的意思，是人們容易在看到品牌視覺時，第一時間心裡就替這個品牌打了一個印象分數，然後再決定是否要深入認識。商業品牌有其專業度的需求，版面若具有基本的專業度，也較能讓陌生造訪者加強印象與安心感。

對商業品牌的版面來說，社群經營最主要目的有兩種：製造轉換、傳遞訊息。我們可以試著想想看，在完全不認識一個品牌也沒聽過的狀況下，在當下就得決定是否要購買這家的商品，有哪些誘因能讓你掏出錢包呢？消費者購物的誘因和決定因素，是發揮在商業版面中很好的設計靈感。

▪需求度

將受眾對主題內容的需求，試圖把主題內容最吸引人、最符合受眾所需要的，設計在版面的呈現上。例如，某母嬰品牌最多人詢問的商品是奶瓶的話，就可以將奶瓶的圖案設計在版面上。

▪信賴感

最快讓消費者購買或按下追蹤的因素，是讓其相信品牌內容的正確性、安全性、獲得滿意的肯定性。若品牌是經過認證、有可靠與安全的內容來源，這些都是加強消費者信任的要點。例如：農作零售業的社群視覺，可以將栽種過程和清洗過程畫面置於版面中。

塑造鮮明的個人品牌風格與版面

品牌如果有特定的風格，例如，韓系女裝的風格、知識文青風格、時尚精品風格……等，這些各具特色的風格元素都能設計在版面上，讓受眾不論點選到哪一個頁面或看到哪一篇文章，都可以「持續沉浸在品牌的風格氛圍裡」，藉此加深受眾的印象，同時吸引潛在的目標族群。若是有品牌的官方網站、實體店面、自媒體個人視覺特徵……等，這些特色也能夠延續使用在社群版面當中。

每種社群平台的版面呈現處都不同，以Facebook和Twitter來說，版面識別的優先位置是頭像和封面圖片，這兩個位置可擺放如品牌LOGO、頭像識別、產品主打照片、內容主題產業……等，讓進入版面的人一眼就可看出這個品牌是做什麼、可以在這裡獲得什麼內容，然後才是逐一貼文的視覺。

但Instagram比較不同的是，每一篇貼文的照片都全部展現，視覺密集度較高，按照使用者進版的習慣，可能會滑手機螢幕1至3次觀看帳號裡的內

官網視覺→

電商人妻

ETtoday 新聞 報導

BetweenGos 專訪

理想生活設計 專訪

INSIDE 文章

未來商務 文章

經理人雜誌 講座分享

經理人雜誌 文章

數位時代 講座分享

✦ 所有教學 ✦

【 Medium 教學文章 】

社群版面視覺↓

容，所以一次要同時兼顧較多的視覺。經營Instagram比較要留意的是，今天發了一則貼文，這張照片未來和其他照片搭配在一起時，看起來的樣子會是如何、在手機上看圖片裡的文字會不會太小或不易識別等。

✦人妻圈粉心法

顧好版面時內容豐富度也要兼顧，才不會讓人覺得落差感太大。

Facebook版面

Instagram版面

Lesson 18

加強品牌識別度

統一視覺風格，選擇具一慣性的版面色

以設計貼文視覺的內容來說，一則商業貼文的圖片可能會有產品圖、LOGO、設計文字、小圖示小元件等，所有的元素都會濃縮在一張圖片中，為了不讓所有的圖片在版面上呈現時太過雜亂、可能會影響受眾閱讀或判定這個品牌的專業度，這種時候可以用顏色制定的方式來設計圖片內容。

假設不是為了特別搭上季節性設計、特殊話題、特殊優惠或品牌性質，在圖像的呈現上太過混雜，可能會造成受眾對這個品牌的專業度產生懷疑。在人力緊縮或僅有個人經營品牌的時候，若不是設計專門出身又不太了解該如何呈

現版面，將版面風格一致性提高，是最快也最簡單有助於讓受眾認識自己、並加快內容產出速度的方法。

固定版面識別色，加深產品印象

除了LOGO或品牌既有的色系外，建議可以找3～5種顏色當作品牌的識別色或相近色，在設計的時候固定使用這幾種顏色，是讓版面風格統一最快的方法之一。使用品牌相近色作為風格視覺的方式，在跨國企業的品牌行銷模式中也非常常見。如可口可樂、星巴克等品牌，皆可看到在視覺上統一色系的模式。可樂的紅色、白色、黑色，星巴克的綠色、咖啡色、橘色等，不僅可以快速讓受眾辨別，也能加速聯想產品的印象。

除了制定色系對版面視覺風格有加強的作用外，再來就是快速讓美術人員把版面中的每一個元件都順利設計完成。版面中可能會出現哪些小元件呢？

■ 文字
■ 小圖標
■ 邊框
■ 小插圖

版面色票

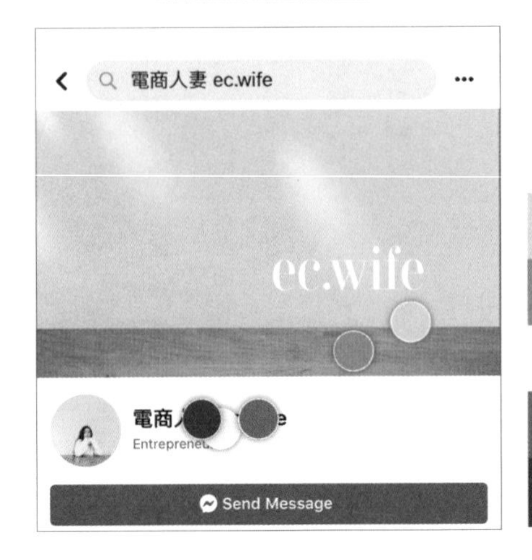

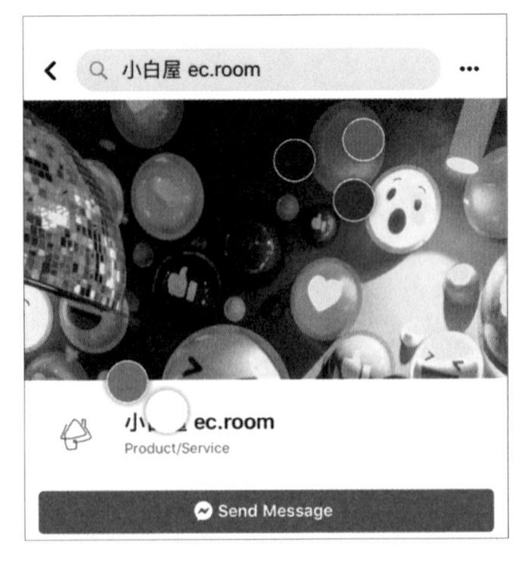

使用PANTONE App可輕易識別色彩

善加運用各種小圖標，
可讓文案呈現更吸睛。

每一種呈現在版面上的元素，都需要顏色的呈現（黑與白也是顏色），所以如果每一張圖的內容色彩過於雜亂，就很難統一整體視覺風格，而要依賴其他內容設計好讓視覺統一。

是否每個品牌都需要做到視覺統一呢？其實不一定。若品牌是以情感傳遞為優先的經營者，可能就不太需要顧及視覺統一，畢竟和受眾是以情感交流的方式進行互動（例如，網紅或公眾人物）；或是對內容有特殊展現需求、有不同用途時，版面視覺非首要當做行銷經營內容的人，那麼視覺的重要度相對來說就是較低的。

✦人妻圈粉心法

只有最適合自己的方法，沒有一定的公式。照別人的經驗做，不一定能有一樣的成效。

情感互動提高品牌心占率

視覺是最快可幫助品牌在受眾之間加深印象的方法之一，線上有非常多的品牌都是利用視覺的方式，達到很高的品牌心占率。不管是品牌回想率還是品牌心占率，其實都強調了一件事，就是在相同產業之中，能不能讓受眾最快指出你的品牌、有類似需求時第一個想到的就是你。

能達到很高的品牌回想和心占，通常也可以得到較高的購買率和話語權（有較高的機會，非一定）。想要達到這種較高的成效機會，把受眾的情感與情境帶入品牌的內容、版面的視覺內容，並且加以利用產品或主題的優勢來做結合，制定加深受眾印象的行銷策略。品牌回想和心占做得較好的案例，例如：GoPro相機。GoPro的產品優勢是輕便防水和可以拍攝廣角鏡頭的功能，當初設計時，便鎖定需要在極限運動或極地旅遊的人，可以隨身帶著一台小小的機器，記錄體驗的環境拍攝。

GoPro不管是在實體展示現場、網路平台，都以極限運動的畫面或影片、風景為視覺主軸，很少將機器的規格和外貌當作行銷重點，一定是搭配拍出來的內容做結合。在官方的YouTube或Instagram都可以看到「使用機器拍出的內容」而非機器本身的影像，加強了受眾對這個產品的既定印象。

GoPro的品牌回想和心占行銷已經成功到就算今天消費者不選擇買它，也會想買一台「像是GoPro的機器」來拍攝想要的內容。這樣的手法在跨國品牌上非常的常見，歐美不少新興品牌也使用這樣的品牌行銷模式，在社群上加強產品的銷售策略與受眾印象。在受眾觀察分析的過程，以受眾的生活中可能面對的需求來結合視覺行銷，是加強回想率的機會。如：文具品牌可結合學生族群的生活情境、求學情境至品牌行銷的內容中，考試上課可能會遇到的困難、同學之間相處會發生的趣事等，作為針對目標族群的共鳴切入點，製作視覺素材或影片等，當學生遇到類似情形時，看過廣告內容就會自然想起這個品牌。

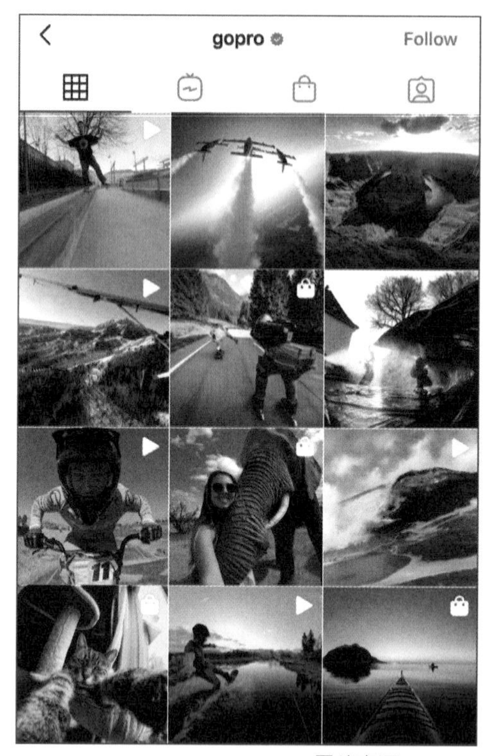

圖片來源：GoPro

看到廣告 → 遇到情境 → 回想到廣告

Lesson 19

設計繼續點閱的精準文案

段落整理、下對指令，大幅提升粉絲追蹤率

除了讓視覺先招攬住大家的目光，讓受眾先注意到品牌後，如何讓受眾產生想要不斷回購或回訪你的社群品牌，用文字抓住受眾的心是彌補視覺不足的方法之一。社群的文案到底要怎麼寫，已成為現代社群經營的顯學。文案寫得好，受眾對品牌的黏著度也會大增。是不是一定要使用華麗的字眼？一定要寫到多深刻的文章才能打到受眾的心？

事實上，面對各種不同的平台，文案能呈現的模式也有各種不同限制。尤其在這個注意力較短暫的社群環境下，華麗的文字和深刻的詞句不一定是

最好的文案呈現方式。因應不同平台的設定，文案寫得好不如寫得巧，將文字當作版面設計的一種方式去做內容安排，有機會得到較大的轉換效益。例如：Facebook、Instagram的版面若是貼文內容文字較多，會被縮排成「繼續閱讀」的模式，要在最短的時間內吸引到受眾或者點擊，那麼，把重要的主題文字或連結放在首段的成效可能較高。

首先，我們要注意平台是否有限制，再來才是安排我們的文字內容，文字除了能傳遞情感以及訊息之外，是有引導作用在其中的，換句話說，也就是能把文字當作工具來使用。

✦人妻圈粉心法

Facebook放上過長的連結會造成版面閱讀雜亂，建議使用較短的連結顯示。

記得將重點放在首段，
才能更有機會提升點擊率。

整理文案段落與提升易讀性

根據statista.com統計，對用戶來說，使用行動裝置來觀看社群平台的頻率，已經遠高於使用桌上型電腦或筆記型電腦的模式。也就是說，在有限的「螢幕」裡，呈現圖案視覺搭配文字要注意的細節變多了，行動裝置觀看文字的「易讀性」提升，對訊息的傳遞成效也會增加。每一種行動裝置的大小和顯示寬度都略有落差，過去曾經有的操作建議如：每行標題不要超過二十個字，不然會被切斷分行、想說的話要在前五行說完……等，恐怕不適合現在所有的機型和文案應用。

面對這樣的限制和社群平台版面顯示變化快速的狀況下，較安全也較能讓所有受眾都能更輕鬆閱讀文案的幾種基本技巧如下：

■段落的整理

文字用相同的排版模式撰寫，是最乾淨的整理段落方式。例如，段落和段落之間分段空行，或是寫一行空一行的方式皆可。若擔心文字長度在不同的裝置上看起來會有落差，那麼，用段落整理文案，會比寫一行空一行要來得更清楚易讀。

社群文案排版，影響易讀性。

■ **特殊符號運用**

特殊運用符號或emoji也是目前社群上愛用的文案手法之一。加上可愛或漂亮的符號，能增添文字的趣味性、加強文字視覺化的展現，也是標示出重點文案的小技巧。運用特殊符號時要比較注意的一點，並非所有的裝置都可以顯示所有的符號。雖然目前裝置符號顯示的普及度與從前相比已較高，不過，還是會有缺圖的可能性產生。

■ **撰文口吻掌握**

撰寫文案的口吻該如何掌握，到底要寫到多麼深入的文案，完全因應各品牌內容需求為主要考量點。一般來說，在社群上最貼近受眾生活的詞句、詞語，是最常見的撰文模式；如同一般朋友間的對話方式，也是拉近品牌與受眾之間的機會。但若品牌性質較特殊，或是需要大量的專業術語來提供給受眾，那麼，撰文的方向就會偏向專業化。例如，線上流行的手寫字社群或寫詩的自媒體，文案內容可能就會充滿詩意。

使用小符號，能讓貼文內容更生動。

電商人妻 ec.wife
Jun 29 ·

【🌍 國際上的 Instagram】

你們知道國際上是如何看待 INSTAGRAM 的嗎？從以前到現在 IG 改變了什麼文化和影響了消費層面的模式呢？這次集結了幾個方面的媒體觀察結論分享給大家！

📍 資料來源有： Forbes Business Insider Statista The Economic Times Mediakix

想了解更多國際資料一定要知道如何快速消化外文的報導和統計數據，也提供以上這幾個參考媒體給大家蒐集國際行銷資訊哦！

✦想知道更多國際行銷趨勢嗎？

稱呼

INSTAGRAM
INSTA
IG

國際上多數人並無針對 INSTAGRAM 有設計縮寫，我們可以在國際新聞媒體或雜誌、電視電影等，看到均是以全名稱呼。僅部分人以 INSTA 代稱，最少是用 IG 來稱呼的。

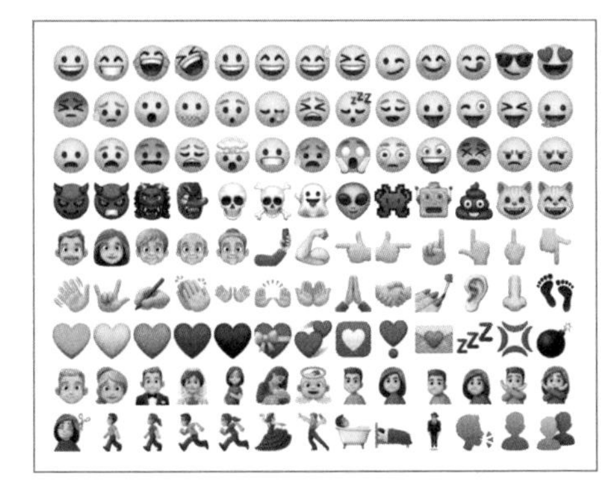

除了因應品牌內容、風格來設計文案外，文案內容希望達到什麼目的，也是設計文案前需要考慮的條件。例如，今天文案內容要達到導購的目的，那麼就往勸敗的方向寫；今天要達到觸動受眾情感的目的，那就以溫馨的小故事來引人入勝……等。

✦人妻圈粉心法

發文前記得仔細檢查有沒有錯字，也是寫出致勝文案的好習慣！

不同平台上採用不同的指令訊息

在社群上的文案，除了傳遞我們希望受眾知道的訊息，若能讓文字帶有轉換的作用，便是將文案最佳化使用的終極目標。文案可以達到哪些轉換作用？如引導受眾點閱、購買，吸引受眾入店消費、前往實體店造訪，或是讓文字圈住更多的潛在粉絲……等，都是將文案當作社群經營的最佳武器利用法。

在讓文字發揮它的神奇作用前，需要先深入了解各平台的限制有哪些。Facebook可以在文案內帶多種連結，但是Instagram完全不能帶，所以Facebook較Instagram來說，更容易讓受眾做出點閱的動作；而Instagram的傳播功能較封閉，幾乎所有功能都以內部互相連結為主要的傳播方向。

Instagram的連結功能非常依賴「Mention」的作用，也就是所謂的「標註」、「TAG」。不管是任何的商業合作、品牌導流或互動，都要正確地標註對方，才能真正發揮傳播的作用。

在撰寫文案時，不如給個訊息指令吧！如果今天是有實體店面的品牌，在Instagra撰寫文案的時候，可以將實體店面的電話、地址、聯絡方法，設計在文案之中，因為Instagram的貼文可能會出現在其他非個人主頁的版面（例如，探索頁面或Hashtags頁面等）。出現在陌生版位時，如果有潛在粉絲看到內容，可以依據貼文內的店鋪資訊來判斷這則貼文實用與否，如果有相同地緣的話，就可增加受眾造訪的機會。任何希望潛在粉絲拿來當作聯繫方式的資料都可以放入，例如，LINE@帳號。

■ **指令文案**

指令文案是直接讓受眾做出品牌希望達成目標的手法之一。例如，許多YouTuber會在影片中提醒觀眾按讚、追蹤、開啟通知等動作，社群平台的貼文內容，同樣也可帶入這些指令文案。當確認想要受眾做出某些動作時，便可以加在文案中，用較顯眼的方式安排在內，例如：

◎喜歡的話可以幫我分享這則貼文
◎點入連結立刻購買
◎點閱主頁連結進入觀看
◎覺得認同請＋1
◎喜歡的話請按❤
◎分享給那位喜歡芋頭的朋友
◎留言告訴我們你的看法

■ Instagram Mention標註

Instagram的標註與TAG，不管是合作或是介紹品牌，把標註做到滿，是基本有利於品牌傳播的重要關鍵，也是能讓內容傳播達到快速導流的功效。如果標錯或是沒有標，基本上內向傳播是無效的。

以商業合作或是平日發文來說，建議可標註在貼文照片、貼文文案、限時動態等各種版位。有TAG完整，對導流和互動效果都會加分。如果時常在貼文、文案、限時動態標註自己的品牌，提供給受眾點擊，也是加強帳號主頁探訪次數、提高互動率的方法。

■ Hashtags標籤

標籤（#）和標註（@）在社群上完全是不同意義的設定，對社群上的標籤來說，是具有分類、強調及加強曝光的作用。以目前使用Hashtags的標籤社群平台，因打上#以後文字會加深或是變色，所以有不少的用戶會將想要強調的字眼特別標起來。

但是Hashtags其實是具有「長尾效應」的標籤作用，也就是說，在貼文上使用分類標籤，能讓之後想搜尋相關關鍵字的人，看到自己的貼文內容。例如，經營美髮的品牌，發布了一張染頭髮的照片，在文案中加上#染髮，那麼，未來有染髮需求的人在搜尋這個關鍵字時，便會看到之前所有用這個標籤的貼文，可達到品牌曝光的機會。

Instagram來說，可以使用多組與主題相關的貼文，達到多重曝光的機會，也因平台演算法的關係，能讓關注相關主題的人，較有機會在探索頁面看到類似的內容。例如，長期關注花藝的人，若花藝品牌使用花藝相關標籤，就有機會曝光給這些潛在的目標族群。

✦人妻圈粉心法

使用標籤前，可以先在Instagram裡面搜尋過，確認這個標籤沒有被禁用會比較安全。

Lesson 20

簡易的五感文案

讓受眾迅速成為粉絲的共感發文訣竅

對社群文案來說，要快速讓受眾達到共鳴的簡單方法，就是直接把「視、聽、味、嗅、觸」這樣的感官文案置入其中。將普遍大眾既有的體驗，搭配產品或是主題，直接結合撰寫，可以快速讓螢幕另一端的受眾，憑著文字得到相對應的感受。以食物品牌來說，最直覺的便是吃起來的感受，這時如果加上視覺描述，食物外觀看起來如何、觸覺摸起來如何，可以讓受眾更有機會了解產品特色。

對不同的品牌主題來說，結合不同的覺知感受文案，是更能生動表現內容的作法，也能解決社群行銷上受眾專注力較低、接收快速訊息的模式。例如，視覺是白色霧面的燈罩，但是加上觸覺摸起來沙沙的文案，讓受眾更清楚理解產品的原始樣貌。我們也很常看到產品中加上以感官覺知命名的案例，利用文字設計的作法將產品賦予新生命。例如，豆沙色唇膏（視覺）、雲朵包（視覺）、葡萄汽水T-shirt（味覺）……等。

持續讓版面活絡，能提升追蹤人氣

對社群平台的使用體驗而言，Facebook和Twitter的呈現方式，對內容時間的順序展現較為容易；但以Instagram來說，版面是型錄式排版，每張照片都能夠馬上映入眼簾，受眾進版觀看後，需要再多做點閱的動作才能了解貼文的時間。

俗話說：「商人最愛容易手滑的消費者」，意味著讓受眾不需經過太多思考就立刻做出轉換行為。在社群經營的操作裡，能快速得到較高成效的方法便是以「讓受眾用最短的時間成為粉絲」為目標進行。

為了能縮短受眾考慮按下追蹤的時間，提升版面活絡度是利用視覺吸引受眾的經營方法。版面活絡度往往是行銷人員最容易忽略的部分，尤其對於Instagram這樣一目了然的版面設計，就算依照行銷策略安排內容發布，仍會在內容安排的過程中，輕忽發布文章後，整體排序外觀影響受眾對閱讀的感受，因此，Instagram是最適合著手提升版面活絡度的社群平台。

要如何提升版面活絡度？什麼樣的素材和視覺才能讓受眾看到後，感受「活絡度」的呈現？活絡度的素材不僅可以展現季節與時間的變化，也是讓社群經營內容增添「人味」的最佳素材之一。

在呈現活絡度之前，可先依據自己的品牌內容、品牌發展目標思考：我的主題有哪些是可以利用的素材？提升Instagram 的版面活絡度，最重要的原因便是減少受眾思考「這個品牌還有在運作嗎？」、「最後一次發文是什麼時候？」、「我可以安心購買他們的商品嗎？會如期出貨嗎？」等。

以下有幾種方向，可以結合品牌內容設計成圖像，並呈現在內容版面中：

▪ **季節與節慶**

用季節與節慶表現活絡度是最容易的作法。例如，零售業可以搭配季節上架新品，也把季節感的變換設計在畫面中。楓葉、鳳梨、雪、聖誕樹……等，代表季節變換或節慶的特色元素，都是能夠感受到版面活絡度的方式。

▪ **社會環境時事**

將社會關注議題或熱門話題表現在版面中的作法，是銜接受眾共鳴度最快的方式。社會上目前大家正在關注的話題、突然爆紅的借勢行銷，也可看出品牌是否有與當下的時間點結合。

▪ **轉貼與粉絲的真實對話**

轉貼消費者回饋或私訊內容，是讓品牌表現與受眾互動的最好方式。例

如，服飾業新品銷售收到客人的實穿照片、消費者的評價等，都可以快速展現品牌在受眾之間的受歡迎程度，也可加強對潛在消費者的購買欲望。

▪團隊內部幕後運作

幕後花絮的紀實是以活動記錄的方式表現活絡度的手法，不僅可以快速讓受眾了解品牌真實樣貌，也可二次把想要傳遞的行銷內容帶入其中。例如，產品製作的努力過程、不為人知的小趣事等。

▪今日貨況吸引即時購買

今日貨況，是近年來很多商家在社群上會使用的行銷素材。例如，有商品是季節限定、限量販售、海外進口、當日現做……等，這樣的素材不僅可以表現出品牌的活絡度，亦可讓當下就有購物需求的人參考產品現況。

自然吸引造訪人數的技巧

對社群經營上來說，不斷讓受眾造訪品牌社群主頁，是加強互動率的其中一種方式。當越多的受眾都點閱了品牌的社群主頁，那麼，未來品牌的貼文觸及曝光度也有機會增高。在Instagram的商業帳號或創作者帳號後台洞察報告，也直接提供七日內有多少人次造訪了主頁的記錄，這代表這個數據對社群經營者來說，是需要考量、也需要維持的一個流量記錄。

我們可以透過廣告投遞或社群操作中的各種小技巧，來吸引受眾進版觀看。瀏覽主頁的人次增加，也增加內容被轉發分享、曝光給陌生潛在粉絲的機會。增加主頁造訪次數，是平時除了打廣告之外，必須隨時安排在貼文內容中，試圖增加曝光機會的手法。若需要降低品牌行銷的成本，有哪些自然增長的技巧可以實行呢？

❶ 提供便利的連結模式

我們過去很常看到關鍵字的電視廣告，想要找什麼就搜尋什麼關鍵字，會引導受眾到品牌的官網瀏覽。但在社群上要縮短受眾考慮並且增加受眾進版的次數，應減低受眾進版之前的動作流程。例如，在Facebook粉絲專頁希望引導粉絲進入Instagram觀看，與其告訴受眾Instagram帳號，不如直接提供一個連結讓受眾可以點過去，減少還要打字而放棄的過程。

❷ 標好、標滿、標清楚

我們的社群貼文隨時都有可能出現在陌生版位，Facebook貼文可能會出現在官方推薦動態消息給潛在粉絲看，Instagram貼文則可能會出現在探索頁面。因此，曝光給新的受眾時，在照片上或文案中標註自己，也是加強新受眾點閱進版的機會。

❸ 用文字暗示粉絲進入

在貼文的文案中，可以標註自己或提供連結，引導受眾進入主頁觀看。例如，點此觀看其他產品、點入主頁看其他篇小故事、逛逛我們的品牌主頁。

❹ 將故事串連在一起

長篇故事或是有階段性的內容，可以分成多篇貼文發布，若受眾想要了解內容的全貌，就可以請觀看者點入主頁看完所有的內容。或是放上擷取的小片段、部分影像樣貌，吸引受眾想要了解更多的欲望。

✦人妻圈粉心法

社群貼文隨時可能出現在其他陌生版位上，記得發文時標好、標滿，標註自己，引導大家進入你的社群。

Chapter 5

品牌人設與粉絲對話

接觸粉絲的第一線人員——「品牌小編」，
打破螢幕冰冷的距離感，
有效擴散帶客力與流量爆發！

Lesson 21

小編從哪裡來？

優秀的品牌小編，是維持形象的必備要素

不論是商業品牌、個人經營甚至企業社群專頁，好像都少不了「小編」穿梭在貼文之中。小編在台灣社群行銷市場中，究竟扮演了什麼樣的角色？主要的形象和人數擴大的原因，以及小編是否人人都能勝任？進一步探究並了解這一切的起源，能讓社群人員評估這個角色是否對品牌真正有助益，或做出決策是否使用這個角色，讓社群經營的成效更上一層樓。

當社群平台成為每個人獲取資訊的來源時，Facebook使用人數在台灣增長，新聞媒體也進駐了平台，希望能透過發文增加聲量及網路新聞的流量。部

分新聞媒體為了分配編輯權責與工作內容，會要求社群人員在發文時備註自己的暱稱，在Facebook以Hashtags標註暱稱，點入標籤後，就可看到此人負責的所有貼文，於是開始出現各式各樣的編輯稱呼，像是「左編」、「手編」和編字有關的各種小名，類似這些稱呼或是其他暱稱的人物設定出現後，行銷人員便開始對「社群人物設定」發揮各式各樣的創意。

當大家都開始使用這樣的人設進行社群編輯或當作客服人員使用時，在商業品牌與企業紛紛加入社群平台後，小編角色似乎成為一個約定俗成的社群必備人物。每個工作人員都是其中一種小編，消費者上門也是第一個喊找小編，小編突然躍升成為最熱門的企業人才，甚至到現在，招募社群人員的文宣也是：「誠徵小編」。

誰最適合當小編

小編這個看似可愛又親民的角色，背後都是一個辛勤的社群人員，這位社群人員可能是由企業行銷團隊成員組成，或企業主自己操作社群使用的代稱。這樣的社群人員，必須扮演品牌與受眾之間的橋樑，也是面對消費者與粉絲的第一線人物，相當於聯絡窗口的角色。不論是對外發言或用字遣詞，都需要於發文前再三審視，代表品牌提供的言論及內容，是否完美結合品牌特性與風格，也必須兼顧所有的發文內容會不會影響到品牌形象，或是影響消費者的任何反應。

在企業中，選擇社群編輯的人員時，除了直接從行銷部門內挑選人才外，也可從個人使用社群網路的特性，判斷此人是否適合擔任小編的角色與肩負如此重要的工作內容。

一般來說，一位適任的人員需要具備怎樣的基本特性、工作能力，才能勝

從行銷部門挑選人才

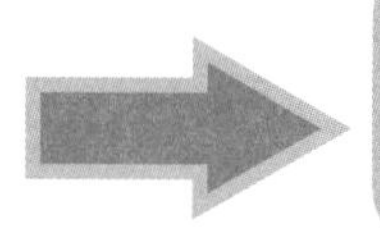

由個人社群特性挑選人才

任小編的工作內容呢？以下列舉幾項提供選才時可參考的評估依據，或是身為社群人，可同步檢視自己是否有哪些技能可以再加強：

- ■ 基本文字處理能力：文案撰寫、文案內容規劃、正確使用文字與符號。
- ■ 社群網感力：辨別與規劃結合社會潮流、氛圍議題、節慶行銷內容、借勢行銷內容等規劃。
- ■ 基本美編製作：結合品牌風格特色，製作圖片或影音素材，善用媒體工具。
- ■ 數據統整分析：基本的社群數據統整，善用社群工具協助品牌分析成效。
- ■ 自我能力提升：在需要增加執行技巧時願意學習新知，理解能以何種能力提升內容製作技巧。
- ■ 粉絲對話力：成為一個肯與粉絲或消費者對話的人，

從受眾角度出發，思考社群內容如何提供與展現。

除了這些基本能力，也可依照品牌與企業的不同需求，增加相關的專業能力評估或其他特性，例如，基本廣告投放能力、專業領域知識等。

✦人妻圈粉心法

好的小編能讓品牌加分，但錯誤的動作或缺乏專業知識，恐導致品牌形象受損，必須小心！

品牌人物的社群設定

品牌在社群上的對話口吻和文字，不僅代表著品牌風格和內容訊息傳遞的方式，也深深地影響了受眾對品牌的印象，更是影響會吸引到哪些目標族群的關鍵。除了對話風格之外，與受眾接觸的第一線人員「人物設定」（例如小編），亦是品牌行銷內對於形象設定中的一項重要策略。讓品牌風格和社群人員的內容對話口吻正確同步，是維持品牌形象的重點。

品牌的風格與觀感，除了以人物設定及對話口吻能帶出風格以展現力道之外，版面內容設計的「字體」，同樣也影響了品牌整體的風格形象。正確選用適合商業品牌或個人自媒體的字體，是廣告設計一直以來的重要關鍵。好的字體可以提升內容素材質感與轉換能力，若是字體選用不佳，或未經正確管道使用字體、未取得授權，都可能給品牌帶來不小的負面影響。

■ **稱謂的共鳴魅力**

除了對話的口吻外，社群人員在品牌帳號的稱號，同樣也會影響受眾對這個對話人員的觀感與相應態度。即使螢幕後面都是同一個人，當稱號改變了，受眾對他的觀感和需求也會跟著改變。例如，母嬰品牌的社群人員，使用「小編」這個稱呼和「琪琪媽咪」給人的感受就有差異，雖然可能都是同一個人，但對於目標族群同樣身為母親的消費者而言，和「琪琪媽咪」對話似乎就有機會增添一份共鳴與親切感。以下兩種不同稱謂，比對看看呈現出來的感覺：

> 小編今天要教大家如何正確地泡牛奶！

> 琪琪媽咪今天要教大家如何正確地泡牛奶！

此外，品牌的內容和主題也是設定稱謂的決定因素。例如，高單價商品的品牌或非常專業領域的品牌，對受眾來說，在社群上可能會傾向尋找一個專業人士的協助，這時將「小編」的稱號更正為「專員」，便有機會提升品牌的形象和增加受眾尋求協助、互動的意願。稱號對觀感的展現就是如此神奇。

■字體的視覺影響力

挑選字體，對社群版面風格會造成一定程度上的視覺差異化。例如，娃娃體、少女體或圓體等，在視覺上來說，可能較適合童趣、溫柔風格的品牌，較剛硬或專業度偏高的品牌視覺，恐怕就不太適用。字體在現代社群經營上，也

這個字體給你什麼感覺

這個字體給你什麼感覺

是風格設計的主流話題，以過往經驗來說，可能外國字體在選擇上比較多元，但現在也可看到越來越多的新中文字體，不斷因應時代環境被設計產生。字體的選用，除了展現品牌風格外，也具有不同的時代感，近年來，可看到越來越多的復古字體被重新使用在社群上。

✦人妻圈粉心法

品牌的字體雖然不必從頭到尾都一致，但設計時盡量不要選用缺字太多的字體，較不會影響專業度。

Lesson 22

品牌與個人的社群觀感

團體經營與個人經營的成功祕訣

在網路上，受眾對企業品牌和個人品牌的情感投射是不同的。一個企業品牌、團體品牌，和一個獨立的個人自媒體、網紅、公眾人物，在社群上不僅觀感不同，經營的方式也有很大的差異。例如，商業品牌像是零售電商等，在網路社群上有以風格為主軸做行銷操作、也有以低價策略為招攬消費者的方法，這些不同的行銷策略都是為了能達到「銷售轉換」的效果。

但是個人自媒體或KOL等，可能希望得到的效果並不是銷售商品。有的個人品牌是希望能得到多一點追蹤數、有的人則希望分享自己喜愛的東西給有需要幫助的人，或者分享專業領域的知識期盼能引起討論等。受眾對單一人物的情感投射，比起面對品牌，更容易帶入個人對於「人物」的主觀印象。面對這樣兩種不同的社群經營模式，有哪些方法可以幫助提升形象達成想要的目標，又有哪些部分是在經營過程中需要特別注意的。接著，將列舉兩種不同的經營模式提供參考。

團體品牌的經營

團體品牌或企業，需要注意的就是面對受眾該提供什麼樣的形象為主。若是商業形象的品牌，會影響受眾觀感的部分，必須特別留意主要銷售或提供的服務品質，是否與社群上展現的樣貌相符。產品或服務不實，不但會打擊消費者的信任度，更會影響受眾在社群上與品牌的互動、降低品牌信用價值。

社群平台是品牌行銷傳遞的衍伸管道，若可以將品牌的內容忠實呈現在社群上，提供消費者完整的營業資訊、商品說明，不僅可以豐富社群內容，還可讓品牌的專頁變成企業形象的優良識別。

個人品牌的經營

多數個人品牌可能不以銷售商品為主，因此，對受眾來說較沒有商業互動的往來，但會多一份對人物的情感投射。受眾可能會因為某些特點喜歡這個人物，或視為偶像崇拜。在這樣的人物品牌經營下，最需要注意的就是社群創作內容不可抄襲、盜用，內容的不誠實不但損害創作形象，也可能讓受眾對人物失去信心。

✦人妻圈粉心法

說謊、盜用、對事件的雙重標準，可能都會打擊社群形象。

社群人物具有一定帶客力

商業品牌在社群經營上，過去較多是以官方品牌的角度分享內容給受眾。近年來，越來越多網路電商、公家機關，會設定一位「品牌靈魂人物」作為與受眾對話的發聲模式。常見的有品牌老闆、機關首長、社群小編，甚至是「吉祥物」等，都是越來越多品牌偏好的展現模式。為什麼設定一個實體人物，在社群上會變成一種熱門的操作模式呢？

在網路社群上，替品牌建立社群帳號成為品牌行銷主流的操作方式後，社群行銷競爭也越來越激烈。為了打破螢幕帶來的網路距離感，實際使用人物來發聲喊話，變成拉近品牌與受眾距離的方式之一。使用品牌內部實際人物，不僅降低請公眾人物代言、模特兒費用，也提升了品牌真實度與親密度，不管是貼文內容進行互動、直播影片互動，皆能提升品牌在受眾的印象與心占程度。

▪露臉與品牌行銷

過去從未露面的品牌負責人、總監、店長等，紛紛跨足幕前直接與受眾對話，近年也出現很多以網紅為品牌形象的商業合作電商，顯示「人物」對社群經營的作用和帶客的力道和流量強度。幕後人物的亮相，讓社群品牌行銷增添了可信度與親和力，選擇讓什麼樣的人物露面和受眾互動，也是品牌行銷的學問之一。

▪如何選擇讓誰露臉

◎真正了解品牌內容

◎較有觀眾緣與親和力

◎不害怕面對鏡頭

◎願意大方地與受眾分享

◎自帶流量或相應風格

實際人物的露臉，亦能加深受眾對品牌的印象，販賣相似產品的品牌也許很多，但品牌的靈魂人物卻能讓行銷展現極大的特色。目前社群平台也提供不少加強品牌人物與受眾互動的多樣方式。除了直播功能的普及化，社群平台也為直播功能設計了更多不同的互動玩法。例如，Instagram可在直播中使用提問功能外，也可針對過去發布過的限時動態問題貼紙做互動直播。

■ **社群行銷直播素材**

◎新品展示

◎產品功能解說

◎解答受眾對品牌的疑問

◎產業內容知識分享

◎線上講座與教學

✦人妻圈粉心法

Instagram官方部落格也提供了多種直播方式的教學，大家可多嘗試不同的提問，以更好玩的方式與粉絲互動。

Lesson 23

賣商品不如賣情感

會說打動人心的故事，才能擄獲粉絲的心

對商業品牌來說，除了讓實際人物加深受眾與品牌之間的印象與情感外，越來越多社群電商，也開始用情感故事的模式當作銷售手法。一個好的業務不只會賣東西，還要說一口好故事，才能擄獲客戶的心。在社群上做品牌行銷也是一樣。試圖用故事的情節創造體驗，讓消費者順勢購買，讓消費者不只是單純的購物，也加強了購物中的情境體驗感。

採取情感的銷售模式，是在同產業中脫穎而出的好方法。將不同的商品賦予不同的故事情境，也是提升產品質感和社群圈粉的機會。若是喜歡同風格或

是被故事情境影響的潛在受眾，能加強他主動散播口碑、幫品牌宣傳的機會，這是一種把品牌形象抽離出單一產品性質，深深植入消費者腦海的行銷手法之一。

與眾不同的故事型商品更有價值

想要達到除了銷售以外，能在產業中影響部分市占率的機會，有越來越多的電商品牌選擇在社群行銷內增加故事性來加強競爭力。除了設定品牌本身的故事外，將單一商品賦予故事情節，也是故事型電商常見的社群行銷模式。帶有故事感的商品名稱，或每個商品都有獨一無二的故事，超越商品本身的價值使它與眾不同，就能讓消費者更重視品牌的每一個產品。

用社群平台來替產品說故事，也替品牌本身的社群經營塑造出專有風格，若是產品較多的品牌，能在社群上發揮的機會也增加許多；而產品品項較少的品牌，也多了一個替社群人員不曉得還能發什麼文的解套。

用對的頻率語言傳遞訊息

替品牌在社群上找到對的目標族群很重要，說著目標族群都聽得懂的語言更重要。一個厲害的廣告投手，如果拿到的廣告素材完全不對目標族群的胃，即使他的廣告設定再精準，消費者都不見得會買單。這就是社群共同語言的重要性，知道目標族群想要看什麼、對什麼樣的內容產生共鳴、會發笑或感動，頻率對了就能吸引購買或按讚。

要能說對語言，深入了解受眾是唯一的社群經營方式。與其仰賴自己對受眾的臆測，不如直接深入了解與調查，先釐清目標族群生活中有哪些情境與自己的品牌主題相關，再著手進行分析工作。

在社群上要如何說出對的語言讓受眾聽得懂，什麼又是對的語言？例如，社群自媒體目標可能是大學生族群的話，在內容中可以多分享大學生戀愛的話題、選課話題、實習與職涯培養的內容等。對這樣的目標族群，看到與自身相關的話題可能就會多加留意，一旦被內容打動且能解決需求，就增加了圈粉的機會。

說服受眾，順利破冰縮短距離

在經營社群品牌的過程中，不論是電商品牌還是自媒體，說服受眾的過程是很重要的。說服消費者購買自己的商品、說服受眾成為自己的粉絲並增加互動，如果不能讓受眾感覺這個品牌了解自己、與自己風格相似，那麼，在陌生接觸的破冰過程中難度就會較高。無法成功破冰，就無法縮短受眾與品牌之間的距離，也無法增加信賴感。

以年齡性別、特殊族群來劃分共同語言，是最簡單的方式。當一群人都處在類似的生活情境、在乎同樣的議題，共同語言就會產生。新手媽媽的族群、偶像的粉絲們、同一地區的居民、寵物的飼主……等，類似這樣的群族都有著他們最在乎的專有話題。

共同語言除了尋找，也能經過時間慢慢培養與開發，成為品牌與受眾之間獨有的對話默契。像是有些網紅會幫粉絲取名字（XX粉、XX寶…等），或在網紅的貼文留言下，常看到只有真正粉絲才會了解的內部梗。

新潮網路用語≠共同語言

對的語言不代表就是新潮的網路用語，也許年輕族群會被社群流行用語影響，但能真正讓受眾留下來，並想追蹤品牌未來發布的內容，與目標族群生活在同一個情境下，才是最合適的方法之一。例如，目標族群是喜愛日本旅遊的人、重度日本旅遊熟客，如果經營者沒有去過日本也不了解日本當地特有文化的話，可能就無法創造出具共鳴感的內容，要打破這樣的困境，親身體驗過才是最好的方法。

培養共同語言是加厚社群圈常見的方式，鞏固社群品牌與受眾之間的關係後，受眾對品牌也就不是單純的接收訊息，而是雙向的互動模式。

人群長期聚集的地方，就是共同語言產出的尋找點，尋找對的語言方法和找到對的目標族群類似。知道哪裡是目標族群經常逛的社群版面或網路論壇，在這些地方看到的話題就可以加以利用，結合在社群行銷內容中。

- 針對關鍵字尋找相似社團
- 針對關鍵字尋找相似論壇

如果這個社群群體或自媒體，較難尋找到既有的共同話題，加強互動是和粉絲重新培養共同語言的方法。嘗試增加在社群上各種不同版面與受眾對話的機會，也實際設計討論話題，在話題中試圖發展出共同認知或共識。以下提供幾種培養共同語言的社群經營技巧：

- 固定時間發布類似文章
- 維持相同發文格式
- 增加同一件事在版面出現的機會
- 培養鐵粉圈再擴大鐵粉圈
- 建立獨特的內部社群或群組

Chapter 6

圈粉之後，更重要是建立忠誠度

爆紅之後如何留住粉絲、在同業中脫穎而出，是商業品牌與自媒體必學的經營手法

Lesson 24

記憶度是最重要的

「獨一無二」讓自己成為最具指標性的品牌

社群行銷近年來在各種領域或主題競爭上都很激烈，大家都在做一樣的事情，取得先機的人可能就搶先獲得流量紅利；後面想跟上的品牌，若沒有特殊的行銷手法、差異度又不大，迎頭趕上的機會恐怕較低。每一個品牌不管是做一樣的事情還是產品類似，都希望能得到最高期望值的轉換銷售或追蹤，但對消費者來說，同樣的產品、同樣的主題，到底要購買哪一個？會在意的條件又是什麼呢？

社群經營的過程中，時時刻刻都要換位思考，每一個人都可能是其他品牌的粉絲，當我們在看其他品牌時，哪些手法會讓我們心動、哪些特點又會讓

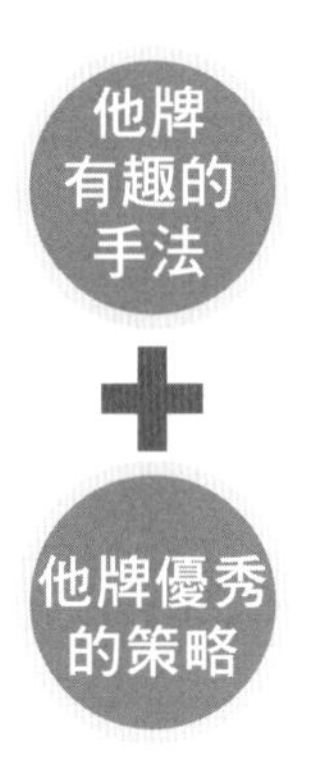

我們按下追蹤，這些觀察都可以在擬定策略時套用。不管什麼時候都要問自己「為什麼他可以做得比我好？」、「我還可以做什麼比他更好？」要以這樣的心態來不斷精進自己的社群內容和產品。

我們可能都有過草草在外買了一瓶水解渴，喝完丟棄後，完全忘記自己買了哪個品牌的經驗。如果品牌沒有記憶點，即便消費者因需求而購買，也有可能完全記不得品牌名稱，僅止於單一次的消費動作。在社群網路上也是這樣，不管是內容農場也好、趣圖圖庫也好，有趣的內容這裡看看、那裡讀讀，受眾在這些網站或帳號裡通常是看了就走，留下來互動或真正深愛這類帳號的情形並不多。

「喜歡」是需要情感標的的，如果受眾對品牌沒有情感，品牌的單一內容對受眾來說就算再吸引人，也無法成功留住粉絲。如果品牌無法讓受眾產生忠誠度，恐怕會成為無法長久經營的致命傷。

具備各種獨特性，粉絲不得不選你

「好像不管什麼內容都已經有人做了。」面對社群紅海產業和主題都幾乎快要飽和的狀態，要在產業主題內容中脫穎而出，並且讓更多的受眾看見，除了多重管道的社群行銷曝光外，找到品牌主題、自媒體突破點，將內容做出差異化是提高受眾心占率的方法之一。除此之外，在選題的時候，若抱持著「現在這個主題很紅，那我做也一定很有機會」的心態，可能會產生在內容創作時，無法盡情發揮和突破自身盲點的問題。

同樣一個東西為什麼受眾要選擇你？為何當大家都一樣時，消費者一定要跟你購買呢？加強保障與可信度、強化購買體驗和售後服務，都是不錯的作法。除此之外，「獨特性」這點也是讓人無法忽略的特性之一。不論是自媒體或零售電商，經營一段時間遇到停滯期或無法成長的時候，就是重新檢視內容與產品最好的改變時期。

停滯期，請重新檢視思考邏輯

當已經進入撞牆期或停滯，重新檢視自己的內容，首要思考為什麼選擇目前經營的社群平台，自己在目前的著力點上，力道足夠嗎？這個平台對我的品牌可以有加分效果，還是侷限發展？再來思考內容主題，主要販售的產品是否已經太多人都相同？那自己的獨特性在哪裡？可以被人記住的特色為何？自媒體的內容是否帶有自我風格或分享自我觀點？

有時候嘗試改變經營模式，會更有發展潛力，也更能表現特色。過去曾有分享育兒的自媒體經營者，結合育兒和烘焙後突然翻紅的案例。我們常會因為沒有開始嘗試而失去大好機會，在尋找突破口的同時，可以探索各式各樣的可能性。

社群內容該如何分類、分析

如果還在選題嘗試、測試的階段，把資料搜集並嘗試以「思維池」的方式

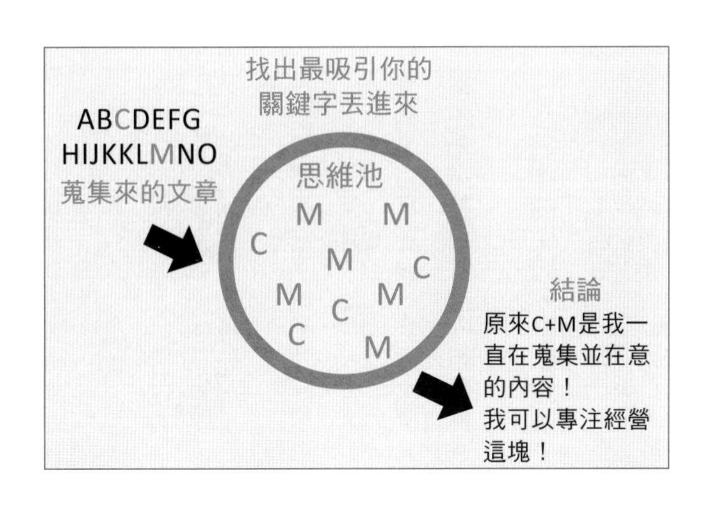

分類內容，對找到適合自己、有興趣發揮的內容來說，是有效的方法。平時對產業觀察的資料做關鍵字分類，按時間月分把蒐集到的資料再進化，擷取最有用處的靈感分類、分組，對趨勢和自我需求更加了解。

- 將蒐集到的資料做關鍵字分類。例如，第一份資料是屬於股市分析、第二份資料是基金分析，將每份資料都畫出幾個關鍵字。
- 把這些關鍵字集結成表，分析哪些關鍵字是最常出現且自己也最常看的。

▪ 得到結論，原來自己最在乎的是某個領域中的某個細項，那麼，便代表可以往這個方向專精經營。

放大個人特色，培養個人意見

自媒體最常遇到的狀況是，大家的內容創作好像都類似，受眾在參考與取信時，往往會選擇最具「指標性」的品牌。為了不要落入被篩掉的情形，練習培養個人意見評論，且放大個人特色與主題做結合，是做出差異化的第一步，再來才是調整視覺與內容素材。

在同樣的主題內，試圖細分主題內容，找到自己最在行也最有興趣的主題鑽研經營，並且在同一個領域的社群環境、仔細觀察市場變化。例如，女裝服飾業，除了做出不同風格外（韓系、歐美風……等），可以嘗試再更細分產品的品項，專門做帽子販售、野餐洋裝販售等。專精一個領域並放大行銷，未來成為指標品牌的可能性就會變高。

✦人妻圈粉心法

如果大家都是差不多的內容，無法在社群中脫穎而出，很難讓粉絲產生忠誠度。

不只賣東西，更要賣得讓人印象深刻

「為了行銷真是無所不用其極了！」這是我最常在品牌經營者之間聽到的一句話。沒有最好的行銷方式，只有最適合自己的，或許對很多人來說，能把東西賣出去就是好，不過在目前的社群行銷環境中，不僅要能把東西賣出去，還要賣得讓人印象深刻。

搜尋引擎和 YouTube 的曝光

對品牌來說，開發新的社群行銷模式除了可以分散經營社群的風險外，也能增加不同管道的社群曝光。例如，過去很多電商品牌沒想過要用YouTube行銷品牌，認為影片的製作成本較高、效益不明。但目前有越來越多品牌看上搜尋引擎SEO對YouTube曝光的優勢（Google），紛紛開啟屬於品牌的YouTube頻道，經營關於品牌和產品的不同視角拍攝與行銷。

像這樣用其他社群平台開發社群行銷新模式，都是對自身品牌的再測試和形象重建的方法。不僅如此，若是在特殊領域的品牌或是自媒體內容，建立在專門的社群平台上（例如，已經經營了臉書，然後新增YouTube操作），那麼，在新的平台便有機會成為該領域的平台領頭羊，也就是競爭對手相對來說變少了。

除了利用社群平台作為行銷的差異化外，社群通訊軟體也是目前分類會員和受眾互動的方法。若利用多平台做內容行銷方式的話，盡可能在不同的平台嘗試不同的行銷素材。每一種社群平台對受眾來說的使用模式都不同，影響受眾做出轉換的情境也有著很大的差異。以LINE@通訊軟體類型為例，訊息接收的模式可能較私密，用戶幾乎是以個人使用的方式觀看，因此，可以安排一對一的情境素材使用。

✦人妻圈粉心法

不同的平台素材和互動模式都盡量做出差異化，才不會浪費不同平台的優點與特質。

Lesson 25

各式各樣的圈粉生態

利用引導式互動圈粉，小心降低貼文觸及率

圈粉的手法有很多種，幾乎所有人都是希望能在最短的時間內，累積越多關注越好。在各種的吸引圈粉手法下，不管成效好壞，都需要遵守在各平台中的社群規範。有些平台對內容操作的手法非常開放，基本上做任何的內容或文案都可以操作；反之，也有平台對貼文內容規範非常嚴格。如果觸犯到特定社群平台的操作守則或明文規範，很有可能在還沒圈到粉之前就被關閉帳號。

不管是圖片素材的格式也好，或是內容文字的關鍵字，目前的數位辨識技術比以前進步非常多，我們常常可以看到在Facebook上貼出色情或暴力的圖片

或是違規文字，大部分在很快的時間內，貼文就會被下架。但也經常發生社群平台的官方AI掃描認定錯誤，將未觸犯規範的圖文刪除。

✦人妻圈粉心法

社群平台的規範守則變動是不定時的，若不確定自己的內容是否合宜，用英文關鍵字搭配平台名稱尋找最新資料，是最安全的。

抽獎換追蹤，治標不治本

「只要留言、分享、TAG兩位朋友，就有機會抽到○○」抽獎換追蹤的方式，在社群平台上非常常見，有些平台用這樣的方式沒問題，可以在短時間累積非常多的分享和曝光量。但是對部分社群平台來說，這樣的互動誘餌（Engagement Bait）卻是明文規定不可使用的互動方式。

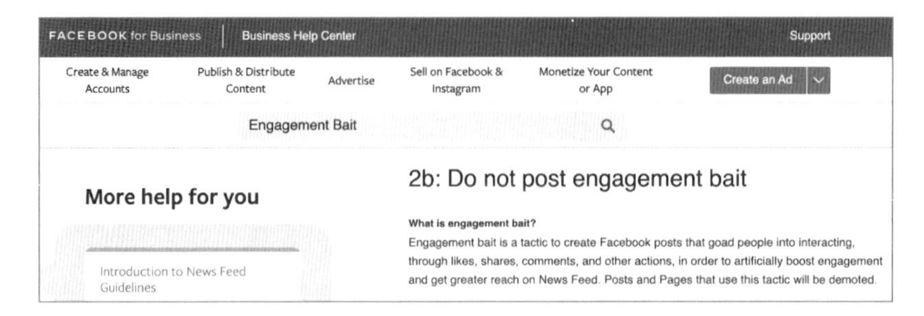

Facebook的官方社群守則內寫道：請勿使用互動式誘餌。

什麼是互動式誘餌？它會對品牌的社群經營造成什麼影響？互動式誘餌又被稱作「引導式互動、誘導式互動」，意為使用了某些引導式的文字吸引受眾做出特定的動作。

明文列出的有：不可要求人們做出特定反應、按讚、分享、留言特定內容、標註朋友、投票等，並且也以官方AI的方式，針對貼文內容做資料學習並檢查。如果做了這些違反規定的內容，輕則降低觸及量，重則違反規範（如張貼色情暴力內容），還有可能被刪除貼文或關閉帳號，在內容張貼之前，請盡量檢查是否有違反這樣的規定。

使用互動誘餌的抽獎貼文，雖然在短時間

內可能可以累積人氣，不過，通常在一段時間後，會發現怎麼貼文的觸及量越來越低，那就代表可能已經被官方的ＡＩ檢查到。若是有被檢舉違規，官方處理的動作可能更快。不過，ＡＩ判定有時也會失準，但仍以官方的規範為主並遵守最安全。

所以抽獎換追蹤到底是不是一個好方法？除了可能違反部分社群平台的規定外，通常這樣累積到的粉絲並不是真正喜歡品牌而來，可能只是為了獎品。受眾對品牌沒有忠誠度，品牌是無法長久將這些受眾留住的。經營不善的品牌用抽獎換追蹤就像一個發燒的病人，吃退燒藥也許可以快速解決不適，但無法根治疾病，還是得認真找出問題在哪才是最好的解決方法。

免費創作是累積粉絲的誘餌

「免費能創造出更大的商業價值。」這句話是什麼意思？我們常常看到不少自媒體創作者都會提供一些創作，不論是影片也好、教學圖文也好，免費提供給受眾觀看，作為吸引受眾想深入了解並成為粉絲的方法之一。簡單來說，就是提供一個吸引人的誘餌累積粉絲量與潛在消費者的作法。

不僅是自媒體在社群上的操作，過去實體店面零售業也經常看見這樣的商業手法：寵物試吃包、試吃攤位等，如果先使用或吃過覺得喜歡，就有可能成為品牌的消費者。對社群經營來說，免費的誘餌的確是讓品牌和廣大受眾破冰的好方法。目前幾乎多數的社群平台提供的創作內容及貼文內容，都是公開給所有受眾的，訂閱制或收費制目前仍是少數。

這些免費提供內容給受眾觀看的創作者或自媒體經營者（例如，YouTuber）的收益來源，除了平台廣告分潤外（不是每個平台都有廣告分潤），最大的收入來源還是商業合作。等於就是以大量免費創作的方式，吸引廠商看見流量的機會，產生各種可能的收益合作方式。

免費的內容提供，或許能吸引大量的受眾點閱觀看或產生互動，但是並非所有的品牌或創作者都適合這樣的方式。在創作過程中，將作品張貼到社群平台，鮮少人有認真研究過社群平台的版權聲明。有的平台在使用授權上，是認定創作者的作品授權歸平台所有、有的是歸為創作者，每一種的條約都不同。

但因社群平台的分享和嵌入外部網站非常便利，像Instagram的圖片或YouTube的影片，就經常被各種媒體網站嵌入至網頁中，成為網頁文章的一部分。若是對授權和內容較在意的創作者，恐怕就無法得知自己的內容被用在何處、被誰分享，以及二次營利的可能。雖然內容創作被分享嵌入會有授權的風險，但目前也有非常多的社群平台，已在針對網站嵌入設立新的授權規範，盡可能地保障創作者權益。

✦人妻圈粉心法

網路上的東西貼出去就公開了，很難得知被誰盜用或抄襲，若有類似的疑慮，張貼前請做好授權查核或申請相關的權利證明。

Lesson 26

爆紅熱度不下滑的祕密

掌握社群熱議的時機，幫品牌不斷加分

在社群網路上因為某些話題或素材爆紅，而獲取不錯的流量、評價等，通常可以在短時間內獲取較高的關注以及轉換。若是希望可以將這個熱度延長、持續長久的經營，該怎麼做？我們常常看到特定的人物或產品，在某些時期被熱烈的討論，但是能持續發展下去的並不多。在網路上大家的專注力較為短暫，可能今天一件事引發討論，明天又突然發生重大事件後，該話題就不再被記得，也就是曇花一現的爆紅生態越來越頻繁。

新聞上常出現爆紅的○○哥、○○姐等，因特殊事件突然躍上媒體版面，

因而成為公眾人物的案例不少，重點在於事後的應變安排和延續技巧。露面或登上媒體版面的效應，讓可能會發展成品牌的因素有了聲量的加持，在還未成長為品牌之前，則已具備了相當好的先決條件。若本來就是個人品牌或產品，爆紅的時刻就是幫品牌加乘的關鍵。

爆紅熱度再延伸

爆紅有兩種情況，第一種是爆紅的對象為全新的「素人、從未亮相或被重視的品項」，第二種是「已經營一段時間的人、事、物」，兩種類型在爆紅之後延伸的作法各有差異。在社群上爆紅，首要注重被討論的原因為何？是好的、趣味的話題被分享，還是不良觀感與公關危機被報導？正面話題的延伸作法較負面話題要來得容易許多，不過過去也有負面話題出現反而轉正，營業額上漲的商業品牌案例。

負面新聞報導讓人、事、物被熱烈討論時，若希望可以將形象轉正，或是藉著這波機會，讓更多人知道品牌內容不只是報導看起來的表象，在公關操作上就需要更謹慎。負面話題被談論時，是品牌二次宣傳最好的機會，通常在社群熱烈討論時的行銷成本，有機會比過去一般情形來得低，由網友自主討論和自主分享情形較為頻繁。品牌藉此機會可修正過去的錯誤，或導正受眾對品牌的錯誤印象，如果在事件中是被誤會的一方，則能強調品牌真實的原貌呈現給受眾。

▪建立品牌

完全陌生的人事物突然被熱烈討論，如果覺得是一個不錯的機會，能藉此發揮而建立品牌讓受眾延伸的印象，並保持在同樣的討論度體驗中，是首要操作的關鍵之一。社群中經常看見突然被討論的人物，被新聞或受眾賦予的稱號便是提升印象與加強曝光的工具，在社群上可以此稱號作為出發點發聲。

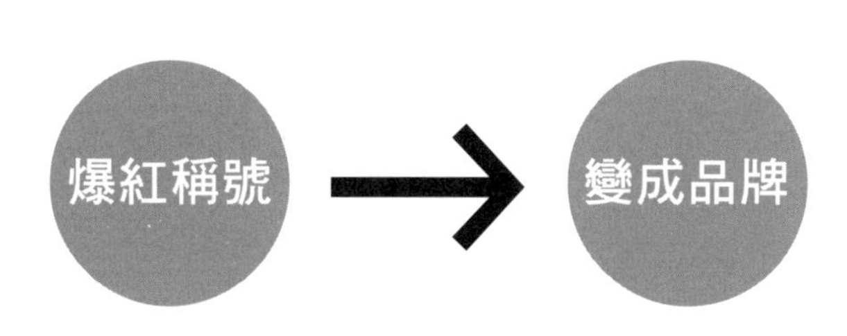

素人爆紅，可直接在社群上建立個人社群專頁，作為官方的發聲出口，也能當作吸引受眾流量的最佳工具。依照較熱衷的受眾年齡層或特性，選擇適合的社群平台經營，利用爆紅關鍵字作為Hashtag吸引搜尋點閱。附上社群討論的截圖或新聞報導，能加強品牌的公信力及可信度，在社群版面上，可盡量以「受眾認識這件爆紅話題」有的元素當作版面識別。例如，因為番茄爆紅的素人，可能就可以在版面設計上使用番茄的元素。

▪借勢話題

若爆紅的是情境或品項，也是既有品牌最好的借勢話題。例如，前幾年爆紅的巧克力髒髒包（可可粉麵包），就是烘焙點心品牌最好的借勢對象。過去從未被討論的產品，突然成了排隊美食或社群寵兒，類似產業品牌在不侵權的狀況下，社群經營都可藉此當做素材或延伸商品使用。在社群熱烈討論的時段就是流量紅利最大化之時期，這種時候，凡事與話題相關的內容都有機會大幅提升吸引受眾的目光。

爆紅後成為專家

因特殊話題爆紅的人物，可依照話題內容的元素延伸成為該領域的專門經營者。若是已在該領域經營一段時間的自媒體、個人品牌，則需要在爆紅之後的黃金期，對該專門領域做更深入的研究與發展。

爆紅期間就是被眾人注意到的關鍵時期，不僅是人物本身，與人物相關的話題或內容也都是其他類似產業會特別注意的時期。不僅是類似產業會趁勢做出借勢行銷，類似領域的人物也可能會在群眾沉浸在話題討論的情境中，趁勢發展。

為了能夠維持話題的熱度和被討論度，在人物爆紅期間，若想要加強品牌的發展，可以深入話題成為該領域的專家：

- 發展知識型話題
- 深入領域創作圖片或影片素材
- 創作領域延伸話題內容

Lesson 27

商業銷售與長久經營的思考

社群平台變化隨時影響消費者購買習慣

自從社群成為品牌行銷的首要目標後，在社群平台上對受眾的行銷研究變得越來越多。如何在社群上打破時空場域以呈現行銷訊息傳遞給受眾、如何呈現不同的素材，讓受眾更能身歷其境，各種行銷手法在社群平台上五花八門的產出。由於社群平台的互動特性，消費者不再是單向的吸收商業廣告訊息，社群平台改變了消費者行為，也改變了部分的消費模式。

對受眾來說，表達與互動的自主性提高，因社群平台的各種功能和媒體使用多元，受眾的聲音與反應更容易被看見，受眾的意見也較過去更為重要，甚至能對品牌產生更大的影響。我們總是希望發聲被看見、被聽見，有時候小小的一段留言或評論，都可能引起很大的漣漪效應，這就是使用者在社群平台上的力量，品牌和受眾之間也越來越能達到平衡的作用。

因社群平台的自由度與娛樂性質相對較高，對受眾來說，自我展現的意願也同時增加。越來越多的品牌以受眾需求為主要商業考量，做出什麼樣的行銷活動能引起消費者反應、什麼樣的產品能在社群平台上被大家討論，受眾的反應成為商業品牌的績效考量，而影響了行銷的方式。

以社群平台當作受眾發聲的舞台

因社群平台的操作方式簡易，在網路上發表意見更方便了。消費者知道「表達」更容易被看見，所以相對來說，更樂意提供個人看法給商業品牌，部分的人，甚至希望自己的建議能反映在商業品牌的內容中。面對這樣的社群環境風氣，適當地給消費者一個舞台，更能產生高效應的向外圈粉作用。

對某些品牌來說，除了自己的品牌官網、網路外部平台外，會使用社群平台當作受眾互動或發布線下活動的討論版位。目前官方社群平台也正嘗試結合更多功能的設計，讓社群平台不但是眾人可以互相交流的地方，更是能打破地區和語言限制的平台。例如，多人視訊會議的進階功能、訊息與通話的最佳化作用、線下活動與地區定位等。

✦人妻圈粉心法

針對受眾，多多舉辦各種不同的社群活動，也是圈粉的最佳方法。

阻斷被比價的四大重點

商業零售品牌最不希望的行銷模式，就是使用價格戰的方式和競爭對手抗衡，但是網路社群卻讓消費者更容易針對特定商品比價。不管是比價網站也好，還是網路商城內建的商品辨識比價系統，都能讓消費者在最短的時間內，找到最便宜的同類型商品選購。要怎麼做才能不讓自己被比價，或因為價格競爭而失去消費者購買的機會呢？

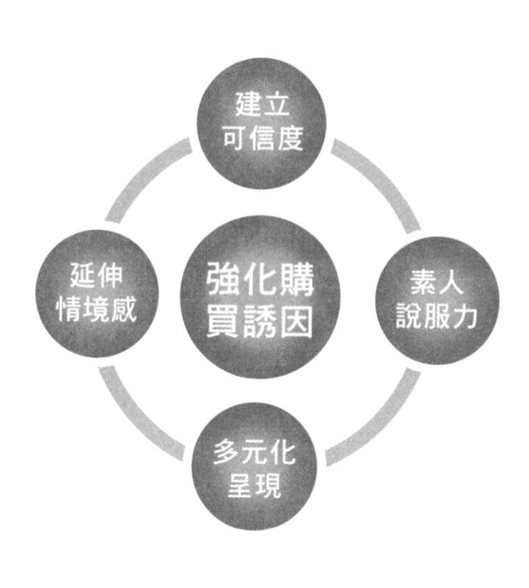

在網路上銷售商品，因為無法直接讓消費者觸摸到商品，所以品牌除了在圖片或影片上，必須盡量呈現商品的原貌，以社群行銷的技巧來提升消費者購買欲望也成了必要手段。

❶建立可信度

針對商品或服務內容，以知識性內容詮釋、專家權威的言論引用、規格化的實驗結果搭配、效能與結果的資料來源佐證……等，用第三方的說明資料來替產品內容背書，增加品牌可信度。同樣也在社群平台上提供完整的聯絡資訊、購買流程、金物流方式、售後服務內容，減低消費者對品牌的疑問。

❷素人說服力

向曾經消費過的客人，取得回饋內容的授權、影音照片、用小編取代專業模特兒拍攝產品或服務內容等，加強品牌被受眾認可的力道，藉此影響潛在消費者。

❸多元化呈現

用實測影片、實測照片、實際呈現產品的各種樣貌、情境使用方式等，來代替或加強原本產品素材的不足。也增加產品或品牌在外部搜尋網站SEO的機會，在官方網站可以最佳化SEO的搜尋結果，在社群平台上也可用Hashtags的方式將產品關鍵字列出，以便消費者搜尋到商品內容。

❹延伸情境感

很多時候，商業品牌將廣告內容設計得很完美、廣告投放精準、官網購買頁面也很完整，但在這些過程當中，卻忽略要將每一環重點都相扣起來。好的廣告行銷流程，是強化消費者沉浸在消費情境與體驗的作用，一檔好的廣告必須和點擊後的著陸頁面、商品頁面有所連續。假設廣告內容提供給消費者的是A情境，點入官網購買頁面後，卻是完全不同的B情境，此時就非常有可能阻斷消費者的購買欲望。

✦人妻圈粉心法

廣告內容的素材最好與商品頁面風格相同，才不會產生差異感。差異感太大時，容易發生在廣告流程中失去客人的危機。

Lesson 28

商業帳號常犯的三大錯誤

不追求完美、避免無用廣告、勿踩平台地雷

商業品牌在社群中常犯什麼錯誤？這些錯誤會帶給商業品牌什麼社群發展的限制？在社群平台中，除了社群守則的規範外，很多時候，社群人在操作行銷內容時無意間可能都會做出錯誤的決定，或是因為各種原因而失去黃金行銷的機會。為了避免在經營社群中，因錯誤的手法而侷限品牌發展或圈到更多的潛在粉絲、潛在消費者，社群人員更應培養隨時能夠針對社群風氣應變或是即刻修正的能力。

除此之外，隨時培養對演算法的觀察和調整行銷內容對應演算法的優勢，

是增加品牌在社群上順利曝光和維持良好社群互動的方式。在擬定行銷策略時不可忽略演算法可能造成的各種社群、商業影響。我們雖然看不見演算法，但演算法是影響整體社群運作的重要因素，社群平台官方的AI也是不斷在資料學習和演進的，所以同一套社群經營作法不太可能永遠有效。

一、不追求無謂的完美

企業在製作社群素材的過程中，經常忽略一個重要的因素，也就是受眾可能不會停留在商業廣告素材太久。受眾每天在社群平台上看到的廣告訊息可能就高達十則以上，注意力和接收訊息快速又短暫，與其對素材內容斤斤計較，不如利用一些小技巧，讓受眾在最短的時間內接收訊息並做出轉換動作。

素材內容中的各種元素擺放、字體大小、位置等，如果每篇貼文都注重非常微小的細節，一天又有多篇內容需要發布時，可能就會花較多時間在調整內

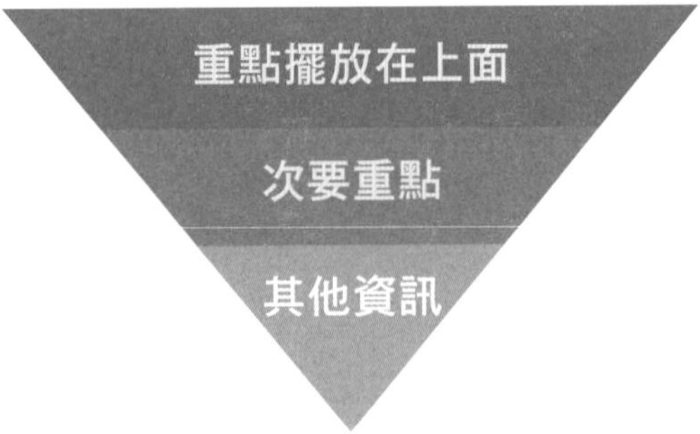

重點擺放在上面

次要重點

其他資訊

容，因而失去將內容曝光給受眾的機會。品牌如果希望能維持完美的風格和內容，又希望得到好的回饋和受眾反應，該怎麼做呢？

技巧❶ 視覺內容重點

將視覺內容以「受眾可能會進行的視覺方向」安排，例如，滑動手機時的視線由上往下閱讀，那麼重點視覺就可安排在圖片上方先吸引受眾目光。

也可在內容中只擺單一重點，受眾最想知道的訊息內容在圖片素材中，其他細節則由文案補充在貼文裡。

技巧❷ 影片精華片段

不管是Facebook、Instagram或其他的社群平台影片，在受眾觀看動態消息版面時，最精華的片段出現在最前面5～15秒，先吸引受眾的注意力，然後才是正片開始。

技巧❸ 特有品牌模板

對一天可能要發布多則消息的品牌而言，製作同樣類型的風格模板是快速解決設計困擾的方法之一。可製作相同外框或設定色彩風格統一元素來安排貼文視覺，減低編排和重新設計可能會多花費時間，有時候先把內容發出去可能比發得精細完整要來得重要。

二、降低無用的廣告訊息

一天之中，你會在電視上、路邊招牌、網頁中，看到各式各樣的廣告內容，加上社群的廣告投放，一天有可能高達二十至三十種以上的廣告訊息充斥在生活中。如果自然觸及的貼文內容還是一般廣告訊息，對受眾來說可能已經

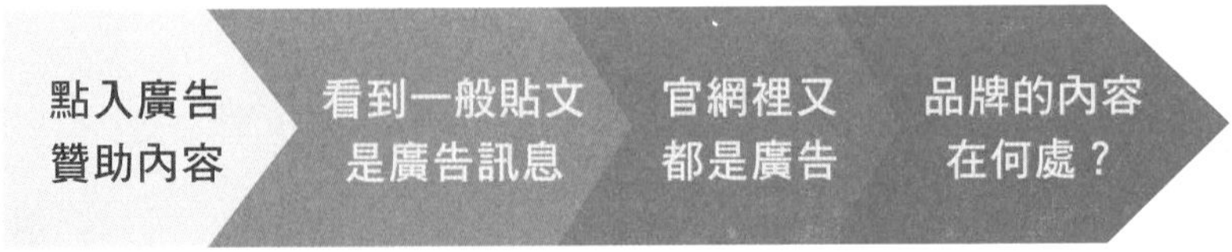

點入廣告贊助內容 → 看到一般貼文是廣告訊息 → 官網裡又都是廣告 → 品牌的內容在何處？

失去吸引力。

優惠訊息、買一送一、大促銷的廣告資訊，如果占了品牌50%的內容以上，那麼，內容行銷對這個品牌來說能發揮作用的效果就很低。在設定廣告內容、廣告投放訊息、一般貼文內容訊息時，需要考量到同一個受眾看到這麼多訊息的可能性。

雖然說廣告三打原則（同一個廣告看到三次）對消費者是加強購物欲望的一種模式，但消費者在接收訊息的過程中，點入廣告觀看品牌內容，收到的是更多的廣告訊息，可能會減低對品牌的好感度以及深入認識的欲望。

適度調整廣告訊息的比例，在貼文中增加與產品相關的深度訊息、詳細規格或使用產品的教學、體驗心得等，加強受眾對品牌的認識，而非僅止於促銷內容。以下列舉幾種使用過度恐造成反感的廣告訊息範例：

- 大促銷買一送一
- 倒店貨大拍賣
- 滿千送百不要錯過
- 大降價！全館五折

在社群上不是只有大促銷類型廣告訊息才能讓受眾做出轉換購買，培養顧客對品牌的情感，才是讓銷售在社群上長久營運的方法之一。

三、勿踩社群平台的禁忌

在社群平台上使用操作，設計行銷內容前，一定要了解各個平台的特性，還有平台的運作規範。平台的社群守則雖然不斷在變動，但很多的原則基本上

可以查閱 Facebook 社群守則的連結資料	
幫助中心	https://www.facebook.com/help
條款和政策	https://www.facebook.com/policies
最新社群守則	https://www.facebook.com/communitystandards/

是不會變化的，像是不可張貼色情暴力的內容、不能發布假新聞、假消息煽動其他受眾情緒等，觸犯規則對品牌的運作或是個人，都是增加暴露在社群風險中的危機。

除了已知的道德規範外，社群平台也針對社群經營的公平性、社群互動原貌，制定了各種規範。例如，Facebook在廣告投放原則中，就不斷強調文字壓在圖片上的比例不可超過20%，否則廣告內容不但可能無法正常發揮觸及量，亦可能被平台停止投放；又如誘導式互動、買假的粉絲互動等，在Facebook社群守則中，亦針對這些動作制定了說明條例，並在Facebook買下Instagram後，沿用了這些規範。

另外，針對知識財產以及權利歸屬的部分，最需要注意的就是影音素材的授權，若使用到侵權的音樂，在內容張貼前就會被官方的音樂識別阻止，無法順利發出。不僅是在Facebook和Instagram貼文中會有音樂識別，Instagram限時動態也必須遵守音樂權利的規範。過去常發生在限時動態放了帶有侵權音樂的影片內容，而遭平台直接刪除下架的狀況發生。

Lesson 29

不要買粉絲數

不執著於粉絲多寡，高互動率才是不變王道

想要經營社群，但是一開始的時候要完全從零開始，在破蛋這段期間會有非常多的社群人員對漲粉這件事情過度著急。可能是上級給的ＫＰＩ壓力，或是自我實現的要求，總是希望品牌的社群成長越快越好。市場上有非常多的買賣粉絲的情形，怕數字不好看、怕不好對客戶交代等，想要快速得到效果的時候，便可能就會有人選擇這麼做。

買粉絲數不管是買真人假帳號還是機器人帳號充數，對社群平台來說都是「假的行為」，因為這些數字並不是因為真正喜歡內容，或是品牌真的操作很

好而來。粉絲數的價碼在市場上也不一，雖然一千個追蹤或一萬個追蹤的價碼相對真實的廣告投放可能更為低廉，但是卻可能因為花了這樣少許的費用，在未來要付出更大的代價。

虛情假意的買粉生態

社群平台的成效在這幾年被看得越來越重，在社群行銷經營的過程中，得到流量的機會甚至超過了其他行銷的模式。不管是自媒體或是個人品牌，在經營品牌的過程中，部分的KOL、網紅仰賴的是與廠商商業合作的模式作為收入來源。在這樣的商業合作模式下，若粉絲成長和貼文按讚表現不佳，部分的個人品牌會擔心數字不好看，因而降低廠商是否合作的意願。

主頁追蹤數和單一貼文、頻道訂閱，翻開網路商城或拍賣平台等，處處可見各種買賣粉絲數的賣場，過去可能只能買單一粉絲數，現在不僅追蹤數字，

評價評星、好評留言或觀看數，都可以花極少的金額買到。買賣粉絲數或許可以在短期之內得到好看的數字，但是真實與否，經營者自己最清楚，在社群上創作內容，並且和認同的粉絲互動是無可替代的成就與滿足感，若這樣的滿足感被假的數字替代，久而久之，品牌的經營也就失去了意義。

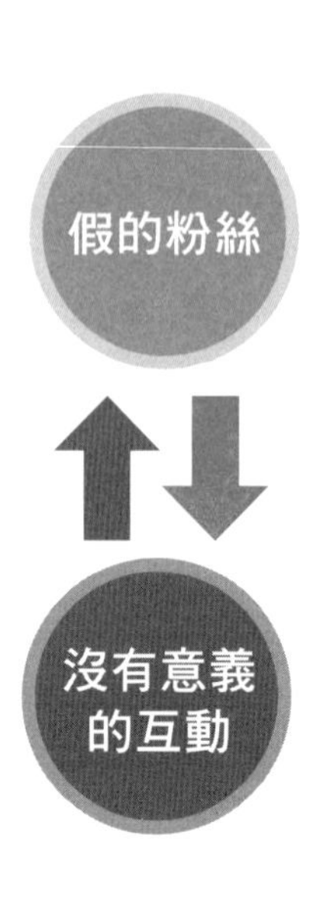

商業合作的參考依據

若是要選擇合意的個人品牌、KOL、網紅，當作合作的對象，又不確定對方是否在數字上有造假，為了避免將預算投注到錯誤的人身上，可以參考的依據就是該社群帳號的「互動率」。雖然各種洞察報告的詳細數字只有經營者可以看見，不過，互動率可以參考逐篇貼文的留言、網路聲量、討論度和第三方監測工具等。

翻閱觀察對象最近的十五至三十篇內容，參考留言的內容是否與貼文內容相符，且相符程度高。也可點入留言者帳號觀看帳號的真實感，若留言大多和該帳號經營者的目標族群不符，內容也非針對該篇貼文內容表達看法或與經營者互動，甚至粉絲帳號大多數都沒有頭像也沒有貼文，那麼，假數字的機率就很高。此外，貼文的按讚者列表，也能看出是否有大量的假帳號，例如，台灣的網紅貼文突然都是中東帳號按讚。

▪錯誤的ＫＰＩ壓力

除了個人品牌的商業合作可能會有假的生態外，廣告代操或是公司行銷部門為了達到上級要求的ＫＰＩ，也可能會在數字上做「修正」。也就是說，為了不要讓買賣數字變為達成經營目標的手段，在制定經營目標時就需要設定好正確的指標。目前的社群平台互動數字是影響品牌成效的關鍵，貼文內容到底對受眾來說有效與否、廣告投遞究竟能否帶來收益，並不是依賴按讚數字就可以觀察得出。與其在乎貼文或帳號的按讚數，不如參考貼文內容中的連結點擊率、購買轉換數字、受眾留言或是分享、收藏等，這些真實互動才是社群經營技巧的判定。

✦人妻圈粉心法

試圖先放棄觀察按讚數和追蹤數，把經營目的換成真實的互動，可以設計出相對更有效的社群內容。

假動作的壞處

買假粉絲數或按讚數，除了被發現後可能會失去商業合作的機會，對社群平台來說，也是官方的地雷動作。前面提過，Facebook、Instagram曾明文說明，在打擊「假動作」的工作上，一直不斷地在精進官方ＡＩ的資料學習與判定技術，若是在短時間內有異常的行為或動作，官方可能就會進行「懲罰」的處置。

一旦降低帳號的觸及率和能見度，是非常難救回原本狀態的，若是有動作被判定是假的行為而被降低觸及，每個人被懲罰的期間都不定。若想救回原本的觸及程度，只能依靠慢慢培養粉絲互動，或不斷創作更好的內容以吸引陌生潛在粉絲。如Instagram每隔一段期間就會清除被檢舉的假帳號、假粉絲數，所以如果是長期買假粉絲數的帳號，掉粉的幅度就會比一般人要來得高。

透過個人觀察或是第三方分析軟體，都可以觀察出該帳號的粉絲數成長幅度。例如，在沒有公關危機或失言、官方誤判等狀況下，突然在一夕之間掉了兩、三千粉絲數甚至萬粉絲數以上，就有數量造假的可能，因為恐怕追蹤數都是假帳號或機器人，而被官方清除掉了。

除此之外，買粉絲數對一般大眾來說觀感也不好，即使培養粉絲數量是一件辛苦且不容易的事，盡量忠實呈現數字才是長久經營品牌的真理。

✦人妻圈粉心法

若個人自媒體的追蹤數是買來的，會容易讓受眾對品牌失去信心。不買假粉絲，對自己的品牌也是負責的一種表現！

圈粉行銷筆記

快速培養鐵粉策略，與粉絲一起生活、成長

線上讀者問卷

悅知夥伴們有好多個為什麼，
想請購買這本書的您來解答，
以提供我們關於閱讀的寶貴建議。

請拿出手機掃描以下 QRcode
或輸入以下網址，即可連結至本書讀者問卷

https://bit.ly/2Pko8h1

填寫完成後，按下「提交」送出表單，
我們就會收到您所填寫的內容，
謝謝撥空分享，
期待在下本書與您相遇。

電商人妻社群圈粉思維

單月從0到萬，讓流量變現的品牌爆紅經營心法

作　　者 | 電商人妻 Audrey / 孔翊緹
發 行 人 | 林隆奮 Frank Lin
社　　長 | 蘇國林 Green Su

出版團隊

總 編 輯 | 葉怡慧 Carol Yeh
企劃編輯 | 楊玲宜 ErinYang
責任行銷 | 黃怡婷 Rabbit Huang
裝幀設計 | 張　巖 CHANG YEN
內頁設計 | 譚思敏 Emma Tan

行銷統籌

業務處長 | 吳宗庭 Tim Wu
業務主任 | 蘇倍生 Benson Su
業務專員 | 鍾依娟 Irina Chung
業務秘書 | 陳曉琪 Angel Chen、莊皓雯 Gia Chuang
行銷主任 | 朱韻淑 Vina Ju

發行公司 | 悅知文化　精誠資訊股份有限公司
105台北市松山區復興北路99號12樓
訂購專線 | (02) 2719-8811
訂購傳真 | (02) 2719-7980
專屬網址 | http://www.delightpress.com.tw
悅知客服 | cs@delightpress.com.tw
ISBN : 978-986-510-093-3
建議售價 | 新台幣380元
初版一刷 | 2020年08月

國家圖書館出版品預行編目資料

電商人妻社群圈粉思維：單月從0到萬，讓流量變現的品牌爆紅經營心法 / 電商人妻著. -- 初版. -- 臺北市：精誠資訊, 2020.08
面；　公分

ISBN 978-986-510-093-3(平裝)
1.網路行銷 2.電子商務 3.網路社群

496　　109010564

建議分類 | 商業實用

三刷 | 2020年08月